PILZE
AUS NORDBAYERN

Häufige, seltene, schützenswerte Arten
farbig abgebildet

Wilhelm G. Härtl

Ein Dankeschön

Herrn Bernd Hanff, Ahorn, bin ich für das Auffinden vieler Pilzarten dankbar. Herrn German J. Krieglsteiner, Durlangen, danke ich recht herzlich für Anregungen und die Durchsicht des Büchleins. Besonderen Dank Herrn Bernhard Schuberth, Klosterlangheim, für seinen persönlichen Einsatz, ohne den das Büchlein nicht entstanden wäre. Herrn Helmut Schwöbel, Pfinztal-Wöschbach, danke ich für die Bestätigung des Cortinarius corrosus. – Vielen Dank meiner Frau Ruth für das Verständnis, das sie meiner Leidenschaft für die Pilze entgegenbringt und meinem Sohn Gernot für die Fertigung der Reinschriften.

Das Titelbild stellt den Fichtensteinpilz dar.
Aufgenommen im Lichtenfelser Forst.

Abbildungen von Bernd Hanff:
- Seite 20: Große Abbildung vom Königsfliegenpilz
- Seite 28: Apfeltäubling
- Seite 42: Große Abbildung vom Riesenschirmling

Abbildungen von Herbert Oester:
- Seite 12: Kleine Abbildung des Flockenstieligen Hexenröhrlings
- Seite 24: Kleine Abbildung des Weißen Knollenblätterpilzes

Alle anderen Abbildungen sind vom Verfasser selbst.

Herausgeber: Wilhelm G. Härtl
Lithos und Titelgestaltung: Coburger Klischee + Litho Anstalt GmbH
Gesamtherstellung: DRUCKHAUS Neue PRESSE Coburg

ISBN 3-9800828-0-6

Pilze aus Nordbayern

Häufige, seltene, schützenswerte Arten farbig abgebildet.

56 Pilze in Farbe

Dieses Pilzbüchlein ist in erster Linie für den Naturfreund geschrieben. Es will ihn mit einer kleinen Auswahl, häufiger, seltener und selbstverständlich schützenswerter Pilze bekanntmachen. Dabei wird versucht, die Umwelt, den Lebensort betonter anzusprechen! Die Gefährdung und Ausrottung der Lebewesen unserer Erde liegt in der Zerstörung ihrer Lebensräume. Durch Trockenlegung von Feuchtgebieten, Abbau von Torf in den letzten Mooren, Begradigung der Bach- und Flußläufe, Intensivbewirtschaftung, Überbauung und Überschüttung der letzten noch naturbelassenen Bodenflächen, durch das Anlegen von Monokulturen in Wald, Feld und Wiese, durch die immense Vergiftung der Luft und Gewässer mit mannigfachen Schadstoffen werden diese Lebensräume vernichtet. Auf unserer Erde sterben jährlich durch Mitschuld der Menschen unwiederbringlich weitere Lebewesen aus. Sie sind für immer verloren. Dieses Büchlein möchte mithelfen die wunderbare Vielfalt des Lebens zu erhalten.

Wilhelm G. Härtl

Eßbare Pilze, giftige Pilze — Schonenswerte Pilze

Zu Notzeiten dienten Pilze dem Menschen als wichtiges zusätzliches Nahrungsmittel. Das Pilzeiweiß (alle wichtigen Aminosäuren sind an seinem Aufbau beteiligt), die Mineralstoffe und die Vitamine waren bei der einseitigen Ernährung von besonderer Bedeutung. So sammelten unsere Vorfahren Pilze aus der Notwendigkeit, alle natürlichen Quellen für die Ernährung zu nutzen. Sie machten die ersten Erfahrungen mit eßbaren und giftigen Pilzen. Wie viele Menschen sind wohl durch Giftstoffe erkrankt und zugrunde gegangen? Die gesammelten Erfahrungen wurden von Generation zu Generation weitergegeben. Auch unser heutiges Wissen über die eßbaren und giftigen Pilzarten stammt zum großen Teil aus diesen Überlieferungen. Dieses Gut zu bewahren und weiterzugeben ist auch die Pflicht heutiger Generationen. Selbst heute noch werden Pilzarten, über deren Verträglichkeit nichts bekannt ist, als eßbar oder giftig ermittelt. Es ist eindringlich davor zu warnen, Pilze zu verspeisen, die man nicht kennt. Eine Speise aus unbekannten Pilzen kann schlimme, ja tödliche Folgen haben. So wurde zum Beispiel der Schöngelbe Klumpfuß (Cortinarius splendens) 1979 als gefährlicher Giftpilz, der tödliche Vergiftungen hervorrufen kann, erkannt. Wie kam es dazu? In Frankreich erkrankten mehrere Menschen. Sie hatten Pilze gegessen. Die Nachforschungen ergaben, daß der Schöngelbe Klumpfuß der Verursacher dieser Vergiftungen war. Der Krankheitsverlauf ähnelte stark einer Vergiftung durch den Orangefuchsigen Rauhkopf (Cortinarius orellanus). Die Giftstoffe dieses Pilzes sind Zellgifte, deren chemische Struktur noch unbekannt ist, und die gegen Erhitzen (z. B. Kochen) resistent sind. Die tödliche Giftmenge dürfte in 50—100 g Frischpilze enthalten sein. Alle Rezepte, wie Zwiebeln oder Silberlöffel bei der Zubereitung der Pilze mitzukochen, um aus deren Verfärben oder Nichtverfärben Schlüsse auf die Eßbarkeit oder Giftigkeit zu ziehen, sind unbrauchbar. Nur das eine ist richtig. Wer Speisepilze sammelt, muß diese genau kennen.

In der Ernährungsweise der Pilze unterscheidet man die Mykorrhizapilze (Symbionten), — sie leben mit anderen Lebewesen zum beiderseitigen Nutzen, — die Saprophyten, die an toten Substanzen leben und diese zersetzen, und die Parasiten, die an anderen Lebewesen schmarotzen und diese schädigen.

Die Saprophyten beteiligen sich mit den Kleinstlebewesen (Mikroorganismen) an der Zersetzung toter organischer Substanzen. Am Ende dieses Vorgangs bleiben Mineralien und Gase übrig. Diese Vorgänge sind für das Leben auf unserer Erde unentbehrbar. Der Mykorrhizapilz dringt mit seinem Pilzgeflecht (Myzel) oberflächlich (ektotroph), seltener tiefer (endotroph), in die Haarwurzeln von Bäumen und anderen Pflanzen ein. Dadurch entsteht die Mykorrhiza, die für den Baum und den Pilz einen Austausch chemischer Verbindungen (Derivate) ermöglicht. Der Pilz lebt davon und der Baum wird im Wachstum und seinen Abwehrkräften gefördert. Gefährliche Giftpilze, aber auch beste Speisepilze sind Mykorrhizapilze.

Heute werden bei uns mehr Nahrungsmittel erzeugt, als wir verbrauchen. Wir sind nicht mehr auf die Wildfrüchte angewiesen. So ist die Pilzjagd zur Freizeitbeschäftigung geworden. Die Ausbeute wird als Delikatesse verspeist. Oft genug werden andere Pilzarten, die nicht für verwertbar gehalten werden, umgetreten. Fälschlicherweise herrscht manchmal die Meinung vor, alle giftigen Pilze vernichten zu müssen, damit von ihnen kein Unheil mehr ausgehen kann, wie auch die Schlange totgeschlagen wird, weil sie Giftzähne hat. Dies ist ein Unfug. Kein Pilz vergiftet einen Menschen, und keine Schlange greift den Menschen an, es sei denn, sie verteidigt sich. Wem tut denn der giftige Grüne Knollenblätterpilz etwas? Lassen wir doch auch die giftigen und ungenießbaren Pilze stehen, sie erfüllen eine wichtige Aufgabe im Haushalt der Natur.

Gegen das Sammeln von Pilzen ist solange nichts einzuwenden, solange die Existenz der Arten nicht gefährdet wird. Das bedingt aber heute schon ein Sammeln mit Überlegung. Um die Ballungszentren herum sind die früher so häufigen Speisepilzarten, wie der Pfifferling, der Steinpilz, der Maronenröhrling und die Rotkappe selten geworden. Teilweise sind sie schon ganz verschwunden. In uns ist noch der Jäger und Sammler der Vorfahren lebendig, und vor lauter Vergnügen des Fündigwerdens wird der auch noch so junge Pilz aus dem Waldboden gekratzt. Je dichter das Land besiedelt wird, um so mehr Rücksicht benötigt die Natur. Es muß doch unser aller Bestreben sein, die große Beglückung, die wir durch eine ausgewogene Natur erfahren, auch für die kommenden Generationen zu erhalten. Auch die Pilze sind ein Teil dieser Natur.

Dieses Büchlein möchte dem Naturfreund, dem Pilzfreund und dem, der es werden möchte, mehrere Arten eßbarer und die damit zu verwechselnden Pilze vorstellen. Dabei wurde, soweit es ging, dem Speisepilz die ihm ähnlichste giftige Pilzart gegenübergestellt, mit der er verwechselt werden kann. In einigen Fällen mußte davon abgewichen werden, sonst hätten jene Arten, die keinen giftigen „Doppelgänger" haben, nicht aufgenommen werden können. Zum Beispiel die Birken-Rotkappe, ihr wurde der ebenfalls eßbare Birkenpilz gegenübergestellt. Aber nicht nur Speise- und Giftpilze sollen gezeigt werden. Auch zwei hübsche Porlinge werden gezeigt. Auf ganzseitigen Darstellungen werden zwei seltene Pilzarten vorgestellt. Alle abgebildeten Pilzarten, mit einer Ausnahme, wurden innerhalb des Landkreises Lichtenfels aufgenommen.

Auf die einzelnen Pilzfamilien der abgebildeten Arten wird stets bei der ersten dargestellten, dazugehörigen Pilzart kurz eingegangen. Für die systematische Reihung der abgebildeten Arten wird ihr Erscheinen im Wechsel der Jahreszeiten gewählt. Am Anfang des Büchleins sind daher die Frühlings-, dann die Sommer- und Herbstpilze, und am Ende die Winterpilze aufgeführt.

Wenn Sie nun mit dem Büchlein unterwegs sind, so werden doch die meisten Arten, die Sie in Wald und Flur antreffen, nicht enthalten sein. Sollten Sie, lieber Pilzfreund, meinen, die Pilze, vor denen Sie stehen, im Büchlein wiederzuerkennen, so vergleichen Sie bitte den Text genau mit den gefundenen Pilzen. Sollten diese in einem Merkmal oder gar zwei Merkmalen abweichen, dann liegt zwar eine ähnelnde, aber doch eine andere Pilzart vor.

Vergessen Sie bitte nicht, daß von den auffindbaren Großpilzen nur 3 bis 4 Prozent hier abgebildet sind. Ich wünsche Ihnen beim Kennenlernen, Sammeln und Schützen unserer heimischen Pilze viel Erfolg und Freude.

Pilze, die im Frühling wachsen

Rund-Morchel, Speisemorchel **eßbar**

Morchella esculenta Pers.ex St. Amans

Familie: Morchelpilze, Morchellaceae · *lat. esculentus = eßbar*

Vorkommen: April – Mai (Juni) · Fruchtkörper bis 15 cm hoch

Allgemeines: Die Familie der Morchelpilze besteht aus fünf Gattungen, den Morcheln (Morchella), der Halbfreien-Morchel (Mitrophora), den Verpeln (Verpa), der Runzel-Verpel (Ptychoverpa) und dem Morchel-Becherling (Disciotis). Gemeinsam haben sie ein Merkmal, das nur durch das Mikroskop gesehen werden kann: Die Sporen sind breitelliptisch, glatt, ohne Öltropfen im Innern und haben an den beiden Enden, außerhalb der Sporenwand, kleine runde Bläschen (Tröpfchen) sitzen.

Die Rund-Morchel ist ein Frühlingspilz und gehört mit zu den ersten Speisepilzen des Jahres. Auf kalkhaltigen Böden bei Eschen, Ulmen und Haseln können sie gefunden werden. Nach ergiebigen Frühjahrsregen erscheinen ihre Fruchtkörper über Nacht. In wenigen Tagen sind sie zur vollen Größe herangewachsen. Die Suche nach Morcheln ist oft erfolglos, aber dann plötzlich stehen sie da. Welch eine Freude, diesen so fremdartigen Lebewesen zu begegnen. Der Kopfteil der Fruchtkörper ist rund, zum Scheitel manchmal mehr oder weniger ausgezogen und innen hohl. Arteigen ist die wabig gestaltete Außenseite.

Fortsetzung auf Seite 64

Frühjahrslorchel, Giftlorchel **sehr giftig**

Gyromitra esculenta (Pers.ex Fr.) Fr.

Familie: Lorchelpilze, Helvellaceae · *lat. esculentus – eßbar*

Vorkommen: März – Mai · Fruchtkörper 6 – 10 cm hoch

Allgemeines: Die Familie der Lorchelpilze besteht aus neun Gattungen, den Mützen-Lorcheln (Gyromitra), den Lorcheln (Helvella), den Glattstiel-Lorcheln (Leptopodia), dem Pokal-Becherling (Cyathipodia), den Rippen-Becherlingen (Paxina), den Scheiben-Lorcheln (Discina) und der Wurzel-Lorchel (Rhizina – einer Gattung mit einer Species).
Die Fruchtkörper sind mehr oder weniger gestielt. Die Kopfteile sind von hirnförmig gewölbter, von sattel-, becher-, scheibenförmiger oder unregelmäßig flach wulstiger Gestalt. Die Sporen sind beim größeren Teil glatt, breitelliptisch und haben im Innern einen oder mehrere deutliche Öltropfen. Bei den Scheiben-Lorcheln und der Wurzel-Lorchel tragen die Sporen an den beiden Enden flossen-, federn- oder hornförmige Anhängsel.

In älteren Pilzbüchern finden wir diese Mützenlorchelart als die „Speiselorchel" und als Delikateßpilz beschrieben. In Nordosteuropa, wo sie häufiger vorkommt, wurde sie traditionell von der Bevölkerung gesammelt und auf den Märkten verkauft. Auch heute gilt als fast sicher, daß gedörrte und in Gläsern sterilisierte Lorcheln nicht mehr giftig sind. Trotzdem muß von dem Genuß abgeraten und der Pilz als lebensgefährlicher Giftpilz eingestuft werden. Es sind Fälle bekannt, daß Frühjahrslorcheln auch nach Abkochen und Weggießen des Kochwassers schwere Vergiftungen verursachten. Auch tödliche Vergiftungen sind bekannt geworden.

Fortsetzung auf Seite 64

Maipilz, Mairitterling **eßbar**

Calocybe gambosa (Fr.) Donk

Familie: Hellblättler, Tricholomataceae · *lat. gambosus = hufartig, von gamba = Huf*

Vorkommen: April – Juni (Juli) · Hut 3 – 12 cm breit, Stiel 2 – 6,5 cm lang und 1 – 2 cm dick

Allgemeines: Mit nahezu 100 Gattungen und ca. 700 Arten ist die Familie der Hellblättler die artenreichste der Blätterpilze. Riesen, wie der Riesenkrempentrichterling (Leucopaxillus giganteus) mit einer Hutbreite bis 40 cm, und Winzlinge, wie der Buchenlaubhelmling (Mycena capillaris) mit der Hutbreite von 0,1 bis 0,3 cm gehören dazu.

Die sahnefarbenen bis ockergelben Pilze können schon ab Mitte April an sonnigen Stellen innerhalb und außerhalb des Waldes gefunden werden. Eine Bindung an bestimmte Baumarten ist nicht festzustellen. Ich fand den Mairitterling an den unterschiedlichsten Orten. Im Falllaub von Jung- und Altbuchen, im vergrasten Kiefernwald, auf grasigen Waldwegen bei Fichten, bei Eichen und Hainbuchen, auf Trockenrasen, an feuchten Stellen bei Eichen, Erlen und Hainbuchen, aber bevorzugt unter Hecken bei Schleh- und Weißdorn. – Krieglsteiner (1981) berichtet, daß der Maipilz weder an den Wald noch an eine bestimmte Baumart gebunden ist, aber reichliche Kalkanteile im Boden verlangt, und insgesamt wärmebegünstigte Orte aufsucht.

Gemeinsam sind den von mir festgestellten Fundorten die mehr oder weniger kalkhaltigen Böden. Die Maipilze bilden gerne Hexenringe. Sie wachsen aber auch sehr gesellig in dichten Gruppen, dabei entstehen ganze Nester. Es geht ein so starker Geruch nach Mehl davon aus, so daß die Pilze schon zu riechen sind, bevor man sie sieht. Es fiel auf, daß Fruchtkörper an direkt besonnten Lagen mehr ockergelb gefärbt sind als die Fruchtkörper an beschatteten Lagen, die mehr sahnefarbig sind. Fortsetzung auf Seite 64

Ziegelroter Rißpilz **sehr giftig**

Inocybe patouillardi Bres.

Familie: Haarschleierpilze, Cortinariaceae. Nach dem französischen Mykologen Patouillard

Vorkommen: Mai – Juli (August) · Hut 3 – 9 cm breit, Stiel 6 – 7 cm lang, 1 – 2 cm dick

Allgemeines zur Familie der Haarschleierpilze siehe Seite 58.

In Wäldern auf kalkhaltigen Böden entlang kalkgeschotterter Forststraßen, bei Buchen, Eichen, Fichten spitzen aus dem mit Laub und Nadeln bedeckten Boden weiße bis blasse strohfarbene stumpfkegelige Hüte. Die Stiele sind fast nicht sichtbar. – Nach Krieglsteiner (z. Mykol. 45 (1):100) bewohnt dieser Rißpilz neutrale bis stark kalkhaltige Böden in Laubwäldern, Parks, an (kalkgeschotterten) Wegrändern, unter Hecken. Seine Erscheinungszeit wird als typischer Frühjahrs- und Frühsommerpilz von Mai bis Juli angegeben. Ganz selten kann er noch im September vorkommen. – Der Ziegelrote Rißpilz ist sehr giftig. Er hat einen sehr hohen Muskaringehalt. Es gab Vergiftungen mit tödlichem Ausgang. Er kann mit dem Maipilz verwechselt werden. Wer Maipilze sucht, sollte die Merkmale dieses Giftpilzes kennen. Der Hut ist anfangs weißlich und glänzt seidig. Später wird er blaß strohfarben und verfärbt sich dann ganz ziegelrot. Der stumpfkegelige bis glockige Hut reißt an den Rändern spaltend ein. Die Lamellen sind erst weiß bis weißlich-rot, dann graugelb und zuletzt grauoliv. Am Stiel enden sie ausgebuchtet. Der Stiel ist zylindrisch, derb und an der Basis oft verdickt. Seine Farbe ist erst weiß, später rötlich. Druckstellen, die durch das Berühren entstehen, werden (auch oft nach Stunden) rot. Das Fruchtfleisch ist weiß. Es riecht schwach aber deutlich nach **Spiritus,** aber auch süßlich fruchtig und bei alten Pilzen widerlich süß bis phalloidesartig (Grüner Knollenblätterpilz). Der Geschmack ist nicht ausgeprägt. Das Sporenpulver ist ockerbraun. Die abgebildeten Pilze wurden am 12. 6. 1981 im Waldteil Kaffenbühl im Lichfelser Forst gefunden. Dieser Rißpilz ist selten.

Pilze, die im Sommer und Herbst wachsen

Steinpilz, Herrnpilz **eßbar**

Boletus edulis Bull.ex Fries

Familie: Röhrenpilze, Boletaceae · *lat. edulis = eßbar*

Vorkommen: Juli – Oktober · Hut bis 35 cm breit, Stiel bis 20 cm hoch und bis 10 cm dic

Allgemeines: Die Röhrenpilze haben einen röhrigen oder fast lamelligen Fruchtschichtträger. Im Gegensatz zu den Porlingen ist dieser bei fast allen Röhrlingen vom Hutfleisch trennbar.

Steinpilz ist nicht gleich Steinpilz. Von den Speisepilzsuchern werden die verschiedenen Arten nicht unterschieden. Die Pilzkunde unterscheidet acht Steinpilzarten. Einige davon sind sehr selten.

Der meistgesammelte Steinpilz ist der des Fichtenwaldes. – Krieglsteiner (1982) berichtet uns, der an die Fichte, Picea abies gebundene Boletus edulis Bull ex Fr. ss. Str., der Fichtensteinpilz, war früher eine Mittel- und Hochgebirgsart. Als der Mensch die Fichte im Tiefland verbreitete, folgte ihr der Pilz. Auch heute noch ist der Pilz in Gebirgslagen deutlich häufiger als im Tief- und Flachland. Er bevorzugt nährstoffarme, saure Sand- und Silikatböden, geht aber immer auch auf Ton-, Mergel- oder gar Kalkböden über, wenn diese in der oberen Schicht versauert sind. – Der Fichtensteinpilz (die abgebildeten Fruchtkörper) hat einen erst weißlichen, dann hellbraunen bis braunen Hut. Rotbraune Tönungen fehlen. Die Röhren sind erst weiß, dann gelbgrünlich und später olivgrün. Der Stiel ist zuerst dickknollig, dann keulig. Das obere Drittel ist stets erhaben weiß bis hellbräunlich genetzt. Diese Netzung ist zur Basis mehr und mehr schwindend. Sie fehlt oft schon ab der Mitte. Das Fleisch schmeckt angenehm mild. Die Pilze wurden bei Prügel im Waldteil Klingenteich fotografiert.

Gallenröhrling **ungenießbar**

Tylopilus felleus (Bull. ex Fr.) Karst.

Familie: Röhrenpilze, Boletaceae
lat. felleus = gallenbitter, von fel = Galle

Vorkommen: Juni – Oktober
Hut bis 18 cm breit, Stiel bis 16 cm hoch

Alle Jahre wieder wird er mit dem Steinpilz verwechselt, dieser Bewohner des Nadel- und Laubwaldes. Er bewohnt gesellig nahezu alle Nadelwaldtypen auf sandigen, nährstoffarmen Böden. Auch Buchen-, Eichen- oder Hainbuchenwälder auf ähnlichen Böden werden besiedelt. – Nach Krieglsteiner (Z. Mykol. 44(2):247), kommt er selbst auf Torf und morschen Baumstümpfen vor. Auf kalkhaltigen Böden fehlt er, kommt aber dort auf oberflächlich versauerten Schichten vor. – Ganz jung kann er dem Steinpilz wirklich täuschend ähnlich sein. Hier hilft dann nur die Geschmacksprobe. Schon das Belecken des frischen Schnittes empfinden wir als gallebitter. Damit ist schon Klarheit geschaffen. Es gibt aber auch eine nicht bitter schmeckende Variante (var. alutarius (Fr.) Karst)! Ein Unding ist, wie tatsächlich geschehen, daß der Kofferraum des Pkw vollgesammelt und dieser dann zur Überprüfung vorgefahren wird. Jeder, der Pilze sammelt, sollte sich doch etwas mit den Artmerkmalen vertraut machen. Die Huthaut ist erst feinsamtig braunorange bis braun, später verkahlend glatt, und ist nicht abziehbar. Die Röhren sind erst weiß, sie werden aber bald rosa bis graurosa. Der Stiel hat ein stark ausgeprägtes braunes Netz auf hellem Grund. Das Fleisch schmeckt bitter. Der Gallenröhrling ist wegen seiner Bitterkeit ungenießbar. Er kann, mit nur einem Fruchtkörper, ein ganzes Pilzgericht verderben. Bei Leuten, die ihn trotz der Bitterkeit gegessen haben, hat er Darmstörungen verursacht. Die Pilze wurden im Langheimer Wald fotografiert.

Flockenstieliger Hexenröhrling, Schusterpilz, Gauklerpilz
Boletus erythropus (Fr. ex Fr.) Pers. **eßbar**

Familie: Röhrenpilze, Boletaceae · *lat. erythropus = Rotfuß*

Vorkommen: Juni–Oktober · Hut 6–18 cm breit, Stiel 5–12 cm lang, 2–3,5 cm dick

Die vielen Namen, die der Volksmund diesem schönen Röhrling gab, lassen ahnen, wie geheimnisvoll, ja unheimlich, dieser Pilz den Menschen war. Er ist auch eine auffallende bunte Erscheinung. Der samtige, dunkelbraune Hut, die tiefroten Röhrenmündungen, die orangeroten Flocken auf dem gelben Stielgrund und das starke Blauen des Fleisches legen diesen Pilz eindeutig fest. Sicherlich sind die Volksnamen durch die verblüffende Eigenschaft, sich bei der geringsten Berührung des Fruchtkörpers augenblicklich an der Berührungsstelle dunkelblau bis blauschwarz zu verfärben, entstanden. Dieser Effekt wurde als Hexerei angesehen. Er bewohnt den Laub- und Nadelwald auf saueren Böden. – Nach Krieglsteiner (1981) kommt er häufig in Fichten- und Buchen-Tannen-Fichtenwäldern vor. Auch in Mooren, und zuweilen in Eichen-, Kastanien-, Buchenbeständen ohne Nadelholzanteile kann er vorkommen. Aber stets auf ausgesprochen sauren, kalkfreien oder zumindest in der oberen Schicht entkalkten Böden. Er zeigt eine Vorliebe für nördlich gelegende Lagen. – Das beim Durchschneiden des Fruchtkörpers zuerst aprikosengelbe bis sattgelbe Fleisch verfärbt sich sofort dunkelblau. Es ist von angenehmen Geruch und Geschmack. Dieser Blauton verblaßt nach längerem Liegen und verschwindet beim Kochen vollkommen. Er ist ein wohlschmeckender Speisepilz und kann wie ein Steinpilz zubereitet werden. Bei der Beachtung seiner Artmerkmale kann er mit dem giftigen Satansröhrling (Boletus satanas), dem ungenießbaren Schönfußröhrling (Boletus calopus) und dem Bitterschwamm (Boletus radicans) nicht verwechselt werden.

Fortsetzung auf Seite 65

Satanspilz, Satansröhrling · *Boletus satanas Lenz* **giftig**

Familie: Röhrenpilze, Boletaceae · *lat. satanas = Satan, Teufel*

Vorkommen: Juli–September · Hut bis 25 cm breit, Stiel kurz

Der Satanspilz ist ein wärmeliebender Röhrling. Bei uns im nordwestlichen Oberfranken ist er sehr selten. Seine hohen Ansprüche an den Standort sind der Grund. Unter Eichen, Rot- und Hainbuchen, auf Böden mit hohen Kalkanteilen, an warmen, geschützten Orten wächst er. Die abgebildeten Fruchtkörper standen in der Nähe des Kalksteinbruches bei Oberlangheim. Im gleichen Waldstück wurden der Bitterschwamm (Boletus radicans) und der Netzstielige Hexenröhrling (Boletus luridus) festgesetllt. – Nach Krieglsteiner (1982) ist er charakteristisch auf trockenen Südhängen in Kalk-Buchenwäldern sowie in warmen Steppenheide-Eichenwäldern. Er kommt dort oft jahrelang fundorttreu von Juni bis Oktober vor. – Der cremehellgraue, gewölbte, kahle, zum Boden geduckte Hut sieht einen im Boden eingesenkten grauen Stein ähnlich. Der Stiel ist kurz und hebt den Hut wenig über den Erdboden empor. So kann der Pilz beim Suchen leicht übersehen werden. Entnimmt man einen Fruchtkörper, so überrascht die Farbigkeit der Röhrenmündungen und des Stiels. Die Röhrenmündungen sind blutrot, orangerot oder gelborange, am Hutrand sind sie in einer millimeterbreiten Zone gelborange bis kanariengelb. Der Stiel ist kugelig keulig. Die Stielspitze ist blaßgoldgelb. Unterhalb dieser wird er allmählich weinrötlich. Teilweise ist ein feines, weinrotes Adernetz ausgebildet. Beim Durchschneiden eines Fruchtkörpers sieht man das erst weißliche Fleisch, das sich an der Luft hellblau verfärbt. Diese Reaktion ist im Hutteil heftiger. Der Geruch ist angenehm. Er erinnert an den Hasenstäubling (Calvatia caelata). Der Geschmack ist mild. Diese skizzenhafte Beschreibung des Satanpilzes beruht auf eigenen Feststellungen, die an frischen Fruchtkörpern gemacht wurden. Er ist giftig und verursacht Darmstörungen.

Maronen-Röhrling, Braunhäuptchen **eßbar**

Xerocomus badius (Fr.) Kühn. ex Gilb.

Familie: Röhrenpilze, Boletaceae

lat. badius = schön braun, (kastanienbraun)

Vorkommen: Juni – November

Hut 5 – 14 cm breit, Stiel 5 – 10 cm lang, 1 – 3 cm dick

Der Maronen-Röhrling, ein Filzröhrling, bewohnt den Nadel- und Laubwald auf saueren und oberflächlich versauerten Böden. Er ist häufig bei Fichte und Kiefer anzutreffen. Die Fruchtkörper sitzen im dicken Nadelstreu, in grünen Moosteppichen, manchmal auch an einem morschen Nadelholzstrunk oder gar an einem älteren Fichtenzapfen. Er tritt meistens in großer Anzahl auf. – Nach Krieglsteiner (1982) ist er vom Flachland bis in Hochgebirgslagen unter Nadel- sowie Laubbäumen auf fast allen Böden dicht verbreitet. – Der Hut ist bei jungen Pilzen samtig dunkelbraun. Im Alter verkahlt er und wird heller braun. Trocken ist die Huthaut matt glänzend, nach Regenfällen mehr oder weniger schmierig. Die Röhrenmündungen sind erst blaßgelb, dann gelbgrünlich und zuletzt grauolivgrün. Beim Berühren mit dem Finger wird die Druckstelle blaugrün. Der Stiel ist erst bauchig, dann zylindrisch gestreckt, hellbraun bis rotbraun und mehr oder weniger faserig längsstreifig. Er hat niemals eine netzig aderige Zeichnung! Das Fleisch ist weiß bis weißlich. Beim Berühren können die Druckstellen schwach bis lebhaft blauen. Diese Reaktion kann aber auch fehlen. Der Maronen-Röhrling ist ein guter Speisepilz. Zu kurzzeitig erhitzt kann er Vergiftungen verursachen. Roh ist er giftig.

Die Pilze wurden im Lichtenfelser Forst fotografiert.

Rotfuß-Röhrling, Rotfüßchen **eßbar**

Xerocomus chrysenteron (Bull. ex St. Amans) Quél.

Familie: Röhrenpilze, Boletaceae

lat. chrysenteron = im Innern goldgelb, goldgelbfleischig; von gr. chrysos = Gold und enteron = Darm

Vorkommen: Juli – November

Hut 3 – 7 cm, Stiel 3 – 6 cm lang, 0,5 – 1,5 cm dick

Der Rotfuß-Röhrling gehört zu den Filzröhrlingen. Es ist eine variierende Art. Das sehr unterschiedliche Aussehen des Rotfuß-Röhrlings wird in den Umweltverhältnissen und dem jahreszeitlichen Auftreten gesehen. Zum Beispiel – ist der Standort besonnt, ist er im Halb- oder Vollschatten. Mykologen haben in der Huthaut zwei eingelagerte Pigmente nachgewiesen, die entsprechend der Temperatur, der Belichtung, dem Alter und anderem mehr, unterschiedlich zur Geltung kommen. Eine weitere Aufschlüsselung dieser Sammelart ist Aufgabe der Mykologen. Der Rotfuß-Röhrling ist eine häufige Art. Er tritt stets in großer Anzahl auf. Hunderte von Fruchtkörpern besiedeln den Waldboden unter Kiefern, Fichten, Buchen und Eichen. – Nach Krieglsteiner (1982) ist er vom Flachland bis in Hochgebirgslagen unter Nadel- sowie Laubbäumen auf fast allen Böden dicht verbreitet. – Dabei ist er mit seinen grauockernen, graubraunen bis graurotbraunen Hutfarben nicht besonders auffallend. Die meisten Pilzsammler beachten ihn kaum.

Der Hut ist zuerst halbkugelig, dann gewölbt, von graugelb bis graurotbraun sind alle Tönungen möglich. Die Huthaut ist erst fein bereift, wird aber bald kahl. Auffallend ist das starke, fedrige Aufreißen der Huthaut. Die Röhrenmündungen sind groß und eckig geformt und von blaßgelber, älter grünlichgelber und alt olivgrüner Farbe. Der Stiel ist gelb und oft nur im unteren Teil rötlich. Er kann aber auch vollkommen rot sein. Druckstellen werden blau bis blaugrün. Manchmal hat er eine weit herablaufende, längliche Netzung. Fortsetzung auf Seite 65

Birken-Rotkappe, Heiderotkappe, Schwarzschuppige Rotkappe

eßbar

Leccinum testaceoscabrum (Secr.) Sing.

Familie: Röhrenpilze, Boletaceae

lat. testaceoscabrum = scherbenrötlich und rauh

Vorkommen: Juli – Oktober · Hut bis 25 cm breit, Stiel bis 20 cm lang und 6 cm dick

Fast ein Charakterpilz des Birken-, Kiefern-Birken- und Eichen-Birkenwaldes auf sandigen und lehmigen Böden ist die Birken-Rotkappe. Sie ist ein Mykorrhizapilz der Birke. In allen Mischwäldern, auch mit nur einzelnen Birken, kann sie gefunden werden. Es werden mehrere rote Rotkappenarten unterschieden, wie die Eichen-, Espen-, Fichten- und Kiefernrotkappe. Sie sind eng an bestimmte Waldbäume gebunden. Die Birken-Rotkappe ist die fleischigste Art unter ihnen. Die orangeroten, halbkugeligen bis ausgebreiteten Hüte gucken zwischen Heidelbeere, Heidekraut und Waldgräsern hervor. Die orangerote Huthaut hängt etwas über den Hutrand hinaus über, ein Merkmal aller Rotkappenarten. Die Fruchtkörper stehen oft gesellig in Gruppen beisammen. Nicht selten können solche Gruppen aus bis zu zehn Pilzen bestehen. Es ist schon eine Freude, eine solche Ansammlung anzuschauen. Die Röhrenmündungen sind weißlich und graulich. Der Stiel kann manchmal mächtig werden. Steckt er tief im lockeren Boden, dann kann er bis 20 cm lang und 6 cm dick sein. Darauf sitzt dann oft ein viel zu kleines, nur Zentimeter breites Hütchen. An den Schnittstellen verfärbt sich das zuerst weiße Fleisch schmutzig lila. Es ist geruchlos und hat einen milden Geschmack. Beim Kochen wird es schwarz. Der Stiel ist zylindrisch, die Basis keulig verdickt, weiß und mit schwarzen Faserflocken schuppig besetzt. Wegen dieser faserschuppigen Stiele werden die Rotkappen und Birkenpilze auch als Rauhstielröhrlinge bezeichnet. Die Birkenrotkappe ist ein hervorragender Speisepilz. Die anderen Rotkappenarten sind ebenfalls eßbar, erreichen aber nicht die Güte dieser Rotkappe.

Die Pilze wurden im Lichtenfelser Forst und am Klentsch bei Lichtenfels fotografiert.

Birkenpilz

eßbar

Leccinum scabrum (Bull. ex Fr.) S. F. Gray

Familie: Röhrenpilze, Boletaceae

lat. scabrum = rauh

Vorkommen: Juni – Oktober

Hut 3 – 12 cm breit, Stiel 8 – 15 cm lang, 1 – 1,5 cm dick

Der Birkenpilz ist wie die Birkenrotkappe an die Birke gebunden. In Wäldern, Parkanlagen, Gärten, besonders auf neutralen Böden, kann man ihn finden. Der Hut ist gewölbt, glatt, graubraun bisweilen rötlichbraun, weichfleischig und im Alter wäßrig, schwammig. Die Huthaut ist nicht abziehbar und bei Feuchtigkeit etwas schmierig. Sie endet bündig am Hutrand, ein gemeinsames Merkmal aller Birkenpilzarten. Die Röhrenmündungen sind erst weißlich und später graulich. Der Stiel ist zylindrisch und höchstens 2 cm dick. Er ist weißlich grau und mit feinen, abstehenden, grauen bis dunkelgrauen, faserigen Schuppen besetzt. Das Fleisch ist weiß und verfärbt sich nicht. Beim jungen Pilz ist es saftig und fest. Es wird aber bald weich. Im Hut wird es schwammig wäßrig, und im Stiel faserig zäh bis holzig.

Nur junge festfleischige Pilze sind als Speisepilze geeignet. Diese sind wohlschmeckend.

Die Pilze wurden im Langheimer Wald fotografiert.

Perlpilz, Perlwulstling, Fleischchampignon **eßbar**

Amanita rubescens (Pers. ex Fr.) Gray

Familie: Wulstlingsartige Blätterpilze, Amanitaceae

lat. rubescens = rot werdend

Vorkommen: Juni – Oktober · Hut 5 – 15 cm breit, Stiel bis 16 cm lang, bis 3,5 cm dick

Allgemeines: Die wulstlingsartigen Blätterpilze setzen sich aus drei Gattungen zusammen. Die Wulstlinge sind davon die artenreichste. Hut und Stiel sind sehr fleischig und leicht trennbar. Der Stiel hat einen hängenden Ring (Manschette). Eine Ausnahme bilden die Scheidenstreiflinge, die ringlos sind, eine markante Hutriefelung besitzen und deren Stiel knollenlos aus einer Scheide hervorwächst. Die Hutflocken, der Ring und die Scheide sind Reste der Pilzhüllen.

Die Allgemeinhülle hüllt den jungen Fruchtkörper ganz ein. Er sieht einem weißen Ei ähnlich. Die Scheide ist Teil der Allgemeinhülle (Velum universale). Die Teilhülle hüllt den Fruchtschichtträger (die Lamellen) ein. In seltenen Fällen kann dazu der Hut mit eingehüllt sein. Der Stielring ist Teil der Teilhülle (Velum partiale). Hüllreste der Huthaut sind Teile der Allgemeinhülle, können aber auch Teile der Teilhülle sein.

Die doppelte Hüllenbildung und die Ernährungsweise als Mykorrhizabildner dürfen dafür gedeutet werden, daß die Wulstlinge eine sehr hohe Entwicklungsstufe bei den Blätterpilzen erreicht haben. (Haas; Schrempp – 1972) Unter den Wulstlingen gibt es gute Speisepilze, aber auch tödliche Giftpilze. Wer Wulstlinge zum Speisezweck sammelt, sollte sie genau kennen.

Fortsetzung auf Seite 65

Pantherpilz **giftig**

Amanita pantherina (DC ex Fr.) Sećretan

Familie: Wulstlingsartige Blätterpilze, Amanitaceae

lat. pantherinus = pantherfleckig

Vorkommen: August – Oktober · Hut 5 – 10 cm breit, Stiel 5 – 9 cm lang, 1 – 1,5 cm dick

Noch leichter als mit dem Perlpilz ist der Pantherpilz mit dem ebenfalls nicht giftigen Grauen Wulstling (Amanita spissa) zu verwechseln, wie unsere Abbildung schön zeigt. Die drei rechten Pilze sind Pantherpilze, die zwei linken sind Graue Wulstlinge. Wegen dieser Ähnlichkeit darf der Graue Wulstling als Speisepilz nicht gesammelt werden. Der Pantherpilz wächst im Laub- und Nadelwald. Er liebt warme, lichte Lagen und kalkhaltige Böden. Bevorzugt fand ich ihn entlang von besonnten Forstwegen und an südlichen Waldrandlagen, bei Eichen und Buchen sowie Fichten und Kiefern. – Nach Krieglsteiner (1981) findet man diesen Wulstling sowohl in den norddeutschen Küsten- und Tieflandregionen, hier besonders in bodensaueren, sandigen Kiefern-Eichen-Buchenwäldern, als auch in süddeutschen bergigen Fichten-Tannen-Buchenwäldern. Die Art scheint bodenvag zu sein, die gemessenen pH-Werte lagen zwischen 3,5 und 7,5. – Er ist ein gefährlicher Giftpilz, der Atropin enthält. Schon 20 – 50 Minuten nach dem Pilzessen treten auffallend starke Schweißbildung, Speichelfluß, Gleichgewichtsstörungen, unsinniges Kichern, Schüttelfrost, Atemnot und rasender Puls auf. Der Vergiftete kann sterben. Deshalb sollte jeder Pilzssammler seine Merkmale genau kennen.

Die reinweißen, flockigen Hüllreste auf dem gelbbraunen bis graubraunen Hut sind für seine Namensgebung verantwortlich. Der Hutrand ist deutlich bis 1,5 cm lang gerieft. Die Hüllreste können nach Regenfällen zur Gänze abgewaschen sein. Lamellen, Stiel und Fleisch sind **weiß.** Der Stiel hat einen dünnen, **nicht gerieften,** glatten Ring. Die kugelige Knolle ist **stulpig gesäumt,** in die der Stiel eingepfropft erscheint.

Das Fruchtfleisch ist geruch- und geschmacklos.

Fortsetzung auf Seite 65

Fliegenpilz

giftig

Amanita muscaria (L. ex Fr.) Hooker

Familie: Wulstlingsartige Blätterpilze, Amanitaceae

lat. muscarius = die Fliegen betreffend, von musca = Fliege

Vorkommen: Juli – Oktober · Hut 5 – 15 cm breit, Stiel 7 – 12 cm lang, 1,5 – 2,5 cm dick

Versteckt im dichten, dunklen Fichtenjungwald sowie an dessen bemoosten Rändern oder im hohen Gras des Birkenwaldes kann man die signalroten, weiß betüpfelten Hüte dieser wohl bekanntesten Pilze finden. Oft stehen sie gesellig in Gruppen zusammen. Schiebt sich der weiße, schorfigwarzige Hut des jungen Pilzes aus dem Erdreich hervor, so ist noch nichts von dem späteren schönen Rot des Pilzhutes zu sehen. Ein Schnitt durch den Fruchtkörper überrascht mit einer tieforangeroten oder gelben Linie. Diese verläuft bogig direkt unterhalb der weißen, dicken, schorfigen Schicht. Die spätere rote Huthaut. Bald schon bricht die Hüllhaut auf. In einer bewundernswerten Gleichmäßigkeit sind die würfeligen, warzigen, weißen Tüpfel auf dem tiefroten halbkugeligen Hut verteilt. Dies muß durch ein allseits gleichmäßiges Wachsen des Hutes bewirkt werden. (Die Hüllschicht wächst nicht mit.) Später ist er gewölbt bis flach ausgebreitet, und die tupfigen Hüllreste sind teilweise bis ganz verschwunden. Die Hutfarbe ist nicht mehr so intensiv rot, gelborange Farbtöne herrschen vor. Der Hutrand ist erst glatt, später leicht gerieft. Unter der Huthaut ist das Pilzfleisch gelborange gefärbt. Sonst ist es weiß. Die Lamellen sind weiß, mitunter auch gelblich, breit, und stehen dicht gedrängt. Der Stiel ist weiß, hat eine große hängende Manschette und an der Stielbasis eine rübenförmige Verdickung, die warzig umgürtelt ist.

Der Fliegenpilz ist giftig, er enthält Wirkstoffe, die noch nicht vollkommen geklärt sind (Flammer R. — 1980). Die Vergiftung ist ähnlich einer Vergiftung durch Ibotensäure und Muscimol, entspricht dieser aber nicht ganz. Vergiftungssymptome: Unruhe, Angstgefühl, Gehstörungen, Wutanfälle, Euphorie, Depression, trockene und warme Haut (selten Schweißausbrüche), Muskelkrämpfe, Lähmungen, Atemstillstand und Kreislaufstillstand. Auch durch das Abziehen der Huthaut wird der Pilz nicht ungefährlich. Früher wurde aus Fliegenpilzstückchen, Zucker und Milch ein Brei hergestellt, der Fliegen anlockte, die davon Nahrung aufnahmen und starben. Daher der Name Fliegenpilz.

Die Pilze wurden im Langheimer Wald fotografiert.

Königs-Fliegenpilz

giftig

Amanita regalis (Fr.) Michael

Familie: Wulstlingsartige Blätterpilze, Amanitaceae

lat. regius = königlich, von rex = König

Vorkommen: Juli – September

Hut bis 15 cm breit, Stiel 7 – 12 cm lang, 1,5 – 2,5 cm dick

Der Königs-Fliegenpilz gleicht dem roten Fliegenpilz, nur die Farben sind anders. Die Hutfarbe ist gelbbraun, die Mitte etwas dunkler. Die warzigen Tüpfel sind gelblich und werden später graubraun. Der Hutrand ist bald gerieft. Unter der Huthaut ist das Fleisch gelb bis gelbbraun. Die gelbliche Manschette ist jung gelb und älter graubraun gerandet. Die rübig verdickte Stielbasis ist mehrfach warzig gegürtelt. Die abgebildeten Pilze (Einbelichtung) fand ich am Rande eines vergrasten Waldweges bei jüngeren Fichten und Lärchen — gleich daneben standen Goldröhrlinge. — Nach Krieglsteiner (Z. Mykol. 44(2):204 – 205) ist der Königs-Fliegenpilz in erster Linie ein Fichten-Mykorrhizabildner. Dabei werden bevorzugt Jungfichtenbestände besiedelt. Er ist ziemlich selten. —

Die Pilze wurden im Lichtenfelser Forst und im Neuensorger Forst bei Seehof fotografiert.

Abgesetztknolliger Anischampignon **eßbar**

Agaricus abruptibulbus Peck.

Familie: Schirmlingsartige Blätterpilze, Agaricaceae
lat. abruptibulbus = jäh abgesetzt knollig

Vorkommen: August – November
Hut 5 – 12 cm breit, Stiel kräftig

Allgemeines zur Familie der Schirmlingsartigen Blätterpilze siehe Seite 42

Die Egerlinge, Champignons, sind eine der vierzehn Gattungen der Schirmlingsartigen Blätterpilze. Sie werden auch Edelpilze genannt. Sicher rührt das von den vielen schmackhaften Speisepilzarten her, die sich unter den Egerlingen befinden. Es gibt aber eine Gruppe von Egerlingen, die Darm- und Magenverstimmungen hervorrufen können. Sie sind in der Sektion Xanthodermatei, Giftegerlinge, Karbolegerlinge zusammengefaßt. Etwa zehn Arten einschließlich der Variationen sind bekannt. Von den eßbaren Egerlingen sind sie durch arteigene Eigenschaften zu unterscheiden. Sie haben einen karbol-, seltener einen jodoformartigen Geruch. Oft wird dieser erst beim Kochen deutlich. Beim Beschaben der Stielbasis läuft diese mehr oder weniger intensiv chromgelb an. Beide Merkmale müssen gemeinsam vorhanden sein.

Fortsetzung auf Seite 65

Grüner Knollenblätterpilz **tödlich giftig**

Amanita phalloides (Vaill.) Secr.

Familie: Wulstlingsartige Blätterpilze, Amanitaceae
lat. phalloides = Phallus-ähnlich

Vorkommen: August – November
Hut 3 – 15 cm breit, Stiel kräftig

Grüner Mörder nennt ihn auch der Volksmund. Das Zellgift Amanitin bewirkt, daß die Vergiftungssymtome erst 7 – 24 Stunden nach dem Genuß auftreten. Die meisten tödlichen Pilzvergiftungen sind Knollenblätterpilzvergiftungen.

Der junge Fruchtkörper ist von einem weißen Velum umgeben, so daß der Pilz einem weißen Ei ähnelt. Bald schon durchbricht der olivbräunliche Hut, durch Streckung des Stiels emporgehoben, diese Hülle. Der Hut ist erst kuppelförmig, dann gewölbt ausgebreitet, kahl oder mit Hüllresten versehen. Die Hutfarbe kann sehr verschieden sein. Sie ist olivbraun, grünbraun, in der Mitte oft dunkler, aber auch gelbgrün bis ausbleichend weiß. Die Huthaut ist glatt, fein eingewachsen faserig und feucht schwach klebrig. Wichtig ist die Beachtung der Lamellenfarbe. Sie ist immer weiß, manchmal mit einem etwas grünen Schimmer. Die Lamellen sind am Stiel nicht angewachsen. Der Stiel ist kräftig, zylindrisch und hat einen häutigen, hängenden Ring. Der Stiel ist weißlich und meistens schwach grünlich-genattert. Dies fällt besonders unterhalb des Ringes auf. Jung ist der Stiel markig ausgefüllt, älter wird er hohl. Das untere Stielende geht in eine halbunterirdische Knolle über, die in einer lappigen, weißen Hülle (Scheide, Volva) steckt. Das Fruchtfleisch ist erst fast geruchlos, riecht aber bald ekelerregend süßlich honigartig. Dieser Geruch ist sehr charakteristisch. Der Pilz wächst im Laubwald und findet sich gerne bei Eichen und Buchen ein. Einmal fand ich ihn im Nadelwald bei Fichten und Kiefern. In weiterer Entfernung davon standen verstreut einige Birken. – Nach Krieglsteiner (Z. Mykol. 44(2):204) kommt er neben der Eiche auch eindeutig bei der Buche und sogar in reinen Nadelwäldern (Fichten, Kiefern) vor. Es werden bessere Böden bevorzugt, und Kalkböden nicht gemieden. –

Fortsetzung auf Seite 66

Feldegerling, Wiesenchampignon **eßbar**

Agaricus campester (Lge.) Fr.

Familie: Schirmlingsartige Blätterpilze, Agaricaceae
lat. campester = auf dem Felde befindlich

Vorkommen: Juli – September
Hut 5 – 6 (10) cm breit, Stiel 5 – 7 cm lang, 1 – 1,5 cm dick

Allgemeines zur Familie der Schirmlingsartigen Blätterpilze siehe Seite 42 und zur Gattung der Egerlinge (Champignons) siehe Seite 22
Der Feldegerling wird von vielen Pilzsuchern nicht von den anderen Champignonarten unterschieden. Zur Pilzzeit berichten hin und wieder die Zeitungen von riesigen Wiesenchampignonexemplaren, die von einem „Glückspilz" gefunden wurden. Die Pilze werden mit Hutdurchmesser bis 35 cm angegeben. Ein Pilz, eine reichliche Mahlzeit. Bei diesen Riesen handelt es sich niemals um unseren Wiesenchampignon, der in seltenen Ausnahmen bis zu 12 cm Hutdurchmesser erreichen kann, im Mittel aber nur 5 – 6 cm breit wird. Wahrscheinlich handelt es sich bei diesen Meldungen um den Großsporigen Champignon (Agaricus macrosporus), der bis zu 50 cm Hutbreite erreichten kann. Geschmacklich ist der Wiesenchampignon unvergleichlich besser.
Nach längerer Trockenheit genügt ein kräftiger Gewitterregen, daß über Nacht Hunderte weißer Pilzhüte aus dem Grün der Wiesen emporwachsen. Schauen wir uns diese genauer an, so stellen wir fest:
Die Huthaut hat feine seidig angedrückte weißliche Fasern oder bräunliche angepreßte Schuppen auf weißem Grund. Die Lamellen sind jung schön rosafarben, alt dunkelbraun bis schwarz. Der Stiel trägt einen dünnen, schmalen, vergänglichen Ring. Er ist über dem Ring seidig weißlich und unterhalb des Ringes etwas weiß-schuppig. Zur Basis wird er dünner oder bleibt zylindrisch. Die Länge entspricht ungefähr der Hutbreite.
Wenn solcher Pilzsegen, weitab von Sträuchern und Bäumen, in Wiesenfluren uns begegnet, so kann es sich nur um den Wiesenchampignon handeln, der uns reichliche Ernten beschert.

Die Pilze wurden am Klentsch bei Lichtenfels fotografiert.

Spitzhütiger Knollenblätterpilz, Weißer Knollenblätterpilz **tödlich giftig**

Amanita virosa Lam.ex Secr.

Familie: Wulstlingsartige Blätterpilze, Amanitaceae
lat. virosus = giftig, schädlich

Vorkommen: Juli – Oktober
Hut 4 – 7 cm breit, Stiel 5 – 10 cm lang, bis 2 cm dick

Dieser in allen Teilen weiße Knollenblätterpilz besiedelt den Nadelwald. Er ist lange fundorttreu. Ich habe ihn seit drei Jahren immer wieder an der gleichen Stelle gefunden. Der Stielring ist sehr flüchtig und kann nur kurz beim Aufschirmen beobachtet werden. Der Stiel ist schuppig faserig. Der Pilz ist tödlich giftig!
Die Verwechslung mit den weißen Champignons ist möglich!

Die Pilze wurden im Waldteil Klingendeich bei Prügel, der im Ausschnitt dargestellte Fruchtkörper wurde im Neuensorger Forst fotografiert.

Brätling, Milchbrätling **eßbar**

Lactarius volemus Fr.

Familie: Sprödblättler, Russulaceae · *lat. volemus = die hohle Hand (vola) ausfüllend*

Vorkommen: Juli – Oktober · Hut 5 – 15 cm breit, Stiel 5 – 10 cm lang, 1 – 2,5 cm dick

Allgemeines: Die Familie der Sprödblättler besteht aus zwei Gattungen, den Täublingen (Russula) und den Milchlingen (Lactarius). Die Pilze der Sprödblättler haben ein sprödes, brüchiges Fleisch. Die Fruchtkörper bestehen aus kugeligen Elementen (Sphaerozystiden). Dadurch ist ein Bruch durch den Pilz niemals fasrig zäh, sondern brüchig, bröckelig. Ähnlich dem brechenden Styropor! Besonders gut zu erkennen an dem spröden Splittern der Lamellen. Der kleinste Druck genügt. Bei den Milchlingen tritt an den verletzten Stellen eine wäßrige, weiße (milchige) oder eine rötliche Flüssigkeit aus.

Der Brätling ist eine nicht zu häufige Art. Er kommt in Laub- und Nadelwald vor. Es scheint, daß er etwas lichte, offene Waldstandorte bevorzugt. – Nach Krieglsteiner (1981) bevorzugt er sauere, sandig-lehmige Nadelwälder. Er kommt aber auch auf kalkhaltigen Böden vor. Er wurde auf sandigen Böden bei pH-Werten um 4 unter Tanne, Buche, Eiche, Fichte, Kiefer sowie auf weniger saueren, wechseltrockenen und nährstoffreichen Böden im Waldmeister-Buchenwald, und im Eichen-Hainbuchenwald gefunden. Trockene, kalkhaltige Orte werden gemieden. – Die orangebraunen, großen Fruchtkörper sind schwerlich zu übersehen. Oft stehen mehrere Fruchtkörper beisammen. Der Hut ist orangebraun, nicht gezont, kahl bis feinst samtig. Zur Mitte ist er niedergedrückt und die Huthaut manchmal eingerissen. Der Rand ist eingerollt und mehr oder weniger wellig gelappt. Die Lamellen sind blaß gelbocker, an Druckstellen werden sie braunfleckig. Bei Verletzungen tritt eine dicke, weiße und süßlich schmeckende Milch aus. Der Stiel ist blasser hutfarben, zart bereift und vollfleischig. Das Fleisch ist fest, blaß und hat eine weiße, an der Luft bräunende Milch. Der Geruch ist deutlich heringsartig. Er bleibt lange an den Fingern haften. Der Geschmack ist süßlich bis widerlich. Der Brätling ist ein ausgezeichneter Bratpilz. Paniert und kurz gebraten ist er sehr wohlschmeckend. Gekocht ist der Brätling nicht schmackhaft! Der früher relativ häufige Pilz wird auffallend seltener.

Fortsetzung auf Seite 66

Milder Milchling **ungenießbar**

Lactarius mitissimus Fries

Familie: Sprödblätter, Russulaceae · *lat. mitissimus = mildest, sehr mild*

Vorkommen: Juli – November

Hut 3 – 7 cm breit, Stiel 3 – 6 cm lang, 0,4 – 0,8 cm dick

Der Milde Milchling gehört zu den etwa ein Dutzend zählenden orangen, orangeroten, orangebraunen oder rotbraunen Milchlingsarten, die mit dem Brätling verwechselt werden können. Unter Fichten auf saueren oder oberflächlich versauerten Böden ist er anzutreffen. Lichtere, freie Standorte werden nicht bevorzugt besiedelt. Im dicken Nadelstreu und in Waldmoospolstern stehen die lebhaft orangen oder rotorangen Fruchtkörper. Durch diese Signalfarbe ist er recht auffällig und kaum zu übersehen. Die weißbleibende Milch schmeckt erst vollkommen mild und etwas süßlich. Diese Eigenschaft ist für seinen Namen verantwortlich. Nach längeren Schmecken wird sie schwach scharf und hat einen bitteren Beigeschmack. Als Speisepilz eignet er sich wegen seines faden Geschmacks nicht. Die Lamellen stehen gedrängt, sie sind erst gelblich und später ockerrötlich gefärbt. Der Stiel ist etwas blasser hutfarben, schlank und zylindrisch. Das Fleisch ist gelblich, geruchlos und schmeckt erst mild, später unangenehm schwach bitter. Die Sporenpulverfarbe ist gelblich.

Die Pilze wurden am Heidelsberg im Langheimer Forst fotografiert.

Apfeltäubling

eßbar

Russula paludosa Britz.

Familie: Sprödblättler, Russulaceae

lat. paludosus = zum Sumpf gehörend, dort wachsend

Vorkommen: Juli – September

Hut 4 – 11 cm breit, Stiel 5 – 10 cm lang, 1,5 – 3 cm dick

Allgemeines zur Familie der Sprödblättler siehe Seite 26

Die hagebuttenroten Pilzhüte sind schon von weitem zu sehen. Im Nadelwald unter Fichten und Kiefern auf versauerten Böden ist er recht häufig anzutreffen. Dabei tritt er in großer Anzahl auf. Im Nadelstreu und Waldmoos, bei Heidelbeerkraut, stehen die schönen roten Fruchtkörper. Wie bei allen Täublingsarten ist die Hutfarbe sehr unterschiedlich. An hellen Standorten kann sie nahezu ausbleichen. Vom kräftigen Hagebuttenrot über viele unreine, hellere Rottöne mit creme-ockerlichen Flecken, bis sahnefarben mit rötlichen Zonen können die Hüte gefärbt sein. Die Hüte sind erst halbkugelig, dann flach ausgebreitet. Der Rand ist älter fein gefurcht. Die Huthaut ist abziehbar, etwas schmierig, glänzend und mehr oder weniger deutlich gerunzelt. Die Lamellen stehen dicht beisammen, sie sind erst weißlich, aber schon bald butterfarben. Der Stiel ist kräftig, zylindrisch, etwas bauchig, weiß, und oft teilweise zartrot behaucht. Das Fleisch ist weiß, geruchlos und schmeckt etwas schärflich. Der Sporenstaub ist hellocker. Der Apfeltäubling ist ein schmackhafter Speisepilz und eignet sich besonders zum Braten.

Es gibt noch mehrere ungenießbare und giftige rote Täublingsarten, deren Fleisch stets brennend scharf schmeckt. Wie bei dem Flammenstieltäubling (R. rhodopoda), dem Bluttäubling (R. sanguinea) und dem Speisetäubling (R. emetica). Beim letzteren werden acht Arten einschließlich Variationen unterschieden. Beim Sammeln von Täublingen ist die Geschmacksprobe nicht immer zu vermeiden.

Die Pilze wurden im Lichtenfelser Forst fotografiert.

Speitäubling, Kirschroter Speitäubling

giftig

Russula emetica Fries

Familie: Sprödblättler, Russulaceae

lat. emeticus = zum Brechen reizend

Vorkommen: August – Oktober

Hut 4 – 8 cm breit, Stiel 5 – 8 cm lang, 1 – 2 cm dick

In feuchteren Nadelwäldern unter Kiefern und Fichten auf saueren Böden ist dieser leuchtend Kirschrote Täubling zu Hause. Es werden mehrere Variationen, je nach ihrem Standort bei der Birke, Buche usw. wachsend oder nach sonstigen geringen Abweichungen vom Typus, unterschieden. Der leuchtend kirschrote, etwas klebrige und glänzende Hut kann oft deutlich ausblassen. Er ist erst gewölbt, später ausgebreitet und niedergedrückt. Die Lamellen sind weiß, im Alter etwas gelblich, nicht gedrängt und **schmecken bei der Geschmacksprobe sofort brennend scharf.** Der Stiel ist weiß, zylindrisch, und bildet einen starken Kontrast zum Hut. Das Fleisch ist weiß, es riecht etwas fruchtartig und schmeckt brennend scharf. Das Sporenpulver ist weiß. Der Speitäubling verursacht eine leichtere Vergiftung, die, wie sein Name sagt, mehr oder weniger starkes Erbrechen auslöst. Er ist ein Giftpilz.

Die Pilze wurden im Lichtenfelser Forst fotografiert.

Brauner Ledertäubling

eßbar

Russula integra L. ex Fr. ss. R. Mre.

Familie: Sprödblättler, Russulaceae

lat. integra = unversehrt, ganz

Vorkommen: Juli – September

Hut 6 – 12 cm breit, Stiel 4 – 7 cm lang, 2 – 3 cm dick

Allgemeines zur Familie der Sprödblättler siehe Seite 26

Der Braune Ledertäubling ist mittelgroß und hat eine braune, mit seiner Entwicklung veränderliche Hutfarbe. Diese geht von gelb-, kupferrot-, bis purpurolivbraun. Er bewohnt den Nadelwald bei Fichten auf kalkhaltigem Untergrund. Seine Fruchtkörper stehen gesellig an schütter vergrasten Stellen von Waldwegen. Aber auch im Innern des Waldes auf mit Nadelstreu bedecktem Boden. Der Hut ist erst halbkugelig, dann tellerförmig ausgebreitet, die Mitte etwas niedergedrückt. Die Huthaut kann bis zur Hälfte abgezogen werden, sie ist glatt und glänzend. Die Lamellen sind fast gedrängt, bauchig, breit, erst milchweiß, dann hell-buttergelb und am Ende hell-gelbocker gefärbt; sie erreichen den Stiel kaum. Sie sind am Stiel fast frei. Das Fleisch ist weiß. Der Geruch ist unbedeutend, der Geschmack ist mild. Das Sporenpulver ist satt-ockergelb. Dieser Täubling kommt stellenweise häufig vor, dann lohnt es sich ihn einzusammeln. Er ist ein schmackhafter Speisepilz und eignet sich vor allem zum Braten. Aber auch hier **Vorsicht** vor der Verwechslung mit ähnlichen, **scharfen Täublingen.**

Die Pilze wurden am Arnsberg bei Pferdsfeld fotografiert.

Zedernholz-Täubling

ungenießbar

Russula badia Quél.

Familie: Sprödblättler, Russulaceae

lat. badius = schön braun

Vorkommen: August – Oktober

Hut 5 – 15 cm breit, Stiel 6 – 11 cm lang, 1,5 – 3 cm dick

Allgemeines: Dieser Täubling kann mit dem Braunen Ledertäubling verwechselt werden. Bei der Geschmacksprobe schmeckt ein Stückchen, das von den Lamellen abgebrochen und gekaut wird, länger unauffällig mild. Man könnte meinen, eine milde Täublingsart vor sich zu haben. Dann plötzlich wird die Probe anhaltend brennend scharf, ja fast schmerzend scharf. Der Zedernholz-Täubling wächst im Nadelwald vorwiegend unter Kiefern auf saueren Böden. Der Hut ist gewölbt, später ausgebreitet und etwas niedergedrückt. Die Hutfarbe ist blutrotpurpur, braunrot bis schwarzpurpur. Die Huthaut ist mehr oder weniger samtig. Die Lamellen sind hellocker bis satt-gelbocker. Der Stiel ist weiß, sehr hart und oft rot geflammt. Das Fleisch ist weiß und riecht schwach obstartig.
Neben dem Zedernholz-Täubling, der seinen Namen vom Geruch seiner zerriebenen Lamellen – diese riechen dann zedernholzartig – erhalten hat, gibt es noch zwei sehr ähnliche Täublinge. Den Scharfen Glanztäubling (R. firmula), er schmeckt schon nach kurzem Kauen brennend scharf, und den Scharfen Brauntäubling (R. adulterina), der sofort, aber nicht so scharf brennend schmeckt. Beide Arten haben bei der Reife satt-gelbockerfarbene Lamellen. Alle drei Täublingsarten sind ungenießbar.

Die Pilze wurden bei Ebneth am Ebnether Berg fotografiert.

Stockschwämmchen

eßbar

Kuehneromyces mutabilis (Fr.) Sing. et Smith

Familie: Träuschlingsartige Blätterpilze, Strophariceae

lat. mutabilis = veränderlich

Vorkommen: Mai – November

Hut 2 – 6 cm breit, Stiel bis 7 cm lang, gekrümmt

Allgemeines: Die Träuschlingsartigen Blätterpilze umfassen zehn Gattungen. Die Sporenpulverfarbe der Pilze ist ocker, graubraun, purpurbraun oder violettschwarz. Gemeinsame Merkmale bestehen in der Gestalt der Sporen. Die Sporen sind glatt und haben an einem Sporenende eine verdünnte, abgeflachte Stelle in der Sporenwand. Diese Stelle wird als Keimporus bezeichnet.

Es gibt mehrere Blätterpilzarten, die an holzigen Substraten wachsen. An Lagerstämmen, Baumstrünken, toten und lebenden Bäumen finden wir ihre Fruchtkörper. Dabei haben sich einige dieser holzbewohnenden Arten mehr oder weniger auf bestimmte Holzarten spezialisiert. So kommt zum Beispiel der Pappelschüppling (Pholiota destruens) nahezu ausschließlich an Pappelholzarten vor. Der Name Stockschwämmchen meint eine ganz bestimmte Pilzart. Einmal wurde mir der Spindelige Rübling (Collybia fusipes) als Stockschwämmchen vorgelegt. Die Familie, die davon ein Pilzgericht zubereitet hatte, drückte einige Zeit das „stille Örtchen", verbunden mit Leibschmerzen. Der Sammler war der Meinung, diese Pilze müßten Stockschwämmchen sein, waren sie doch an Baum-Stöcken gefunden worden. Ein Glück für die Leute, daß es nicht der Gifthäubling war!

Fortsetzung auf Seite 66

Gifthäubling

sehr giftig

Galerina marginata (Fr.) Kühn.

Familie: Haarschleierlinge, Cortinariaceae

lat. marginatus = mit einem Rand versehen, gerandet

Vorkommen: August – Oktober

Hut 1,5 – 4 cm breit, Stiel bis 5 cm lang, gekrümmt

Allgemeines zur Familie der Haarschleierpilze siehe Seite 58

Mitte der sechziger Jahre stellten amerikanische Wissenschaftler fest, daß in einigen Häublingsarten ähnliche Wirkstoffe enthalten sind wie im Grünen Knollenblätterpilz. Bei der Überprüfung des europäischen Gifthäublings am Max-Planck-Institut, Abteilung Naturstoff-Chemie, wurden eindeutig die Amanitine α und β nachgewiesen, wobei das Amanitin fast in der gleichen Konzentration vorkommt wie beim Grünen Knollenblätterpilz (Kosmos 7/77).

Der Gifthäubling wächst einzeln oder in Büscheln vorwiegend an Nadel- und Laubholz. Vorwiegend an morschen Aststücken und Strünken der Fichte, aber auch an Rindenresten, die beim Schälen der Stämme anfallen, finden wir hier seine Fruchtkörper. Er scheint ausreichend Feuchtigkeit zur Fruchtkörperbildung zu benötigen. Nach längeren Niederschlägen ist er nicht selten anzutreffen. Ich habe ihn bisher immer an Nadelholz gefunden. Neuere Erkenntnisse zeigen (W. Pätzold berichtet in der Z. Mykol. 49(1):141), daß der Gifthäubling sowie das Stockschwämmchen regional verschieden Nadel- oder Laubholz besiedelt.

– nach Pätzhold:	Gifthäubling	Stockschwämmchen
	G. marginata	K.mutabilis

Fortsetzung auf Seite 67

Krause Glucke, Fette Henne **eßbar**

Sparassis crispa (Wulf.) Fries

Familie: Gluckenartige Pilze, Sparassidaceae

lat. crispus = kraus

Vorkommen: Juli – November (Dezember)
Fruchtkörper 5 – 20 cm hoch, 6 – 30 cm breit

Allgemeines: Die Familie der Gluckenartigen Pilze ist klein. Sie besteht aus einer Gattung und drei Pilzarten. Diese haben alle breite, verflachte Äste, die von einem gemeinsamen Strang ausgehen und leben parasitisch und saprophytisch an den Wurzeln von Bäumen. Die Fruchtschicht entwickelt sich an der Oberfläche der nach unten gewandten Astfläche.
In Kiefernwäldern eine nicht seltene, aber seltsam geformte Pilzart. Sie sitzt immer am Grund von älteren Kiefern. Die Krause Glucke befällt die Wurzeln und die unteren Stammteile. Ein kräftiger, fleischiger Strang geht von diesen durch das Erdreich nach oben, an dem sich dann der Fruchtkörper entwickelt. Am befallenen Holz entsteht eine Braunfäule. Nach dem Fällen des befallenen Baumes können am Wurzelstock noch weiter Fruchtkörper gebildet werden. Der an den Kiefernfuß geduckte Pilz täuscht von der Ferne eine hockende Glucke vor. Die Namensgebung machte von diesem Umstand Gebrauch. Der aus dem Erdreich wachsende fleischige Strang verästelt sich über dem Erdboden vielfach in breitgedrückte gewundene Äste, deren Enden wellig gelappt sind. Das so entstandene Gebilde ist kugelig bis länglich kugelig, weißlich, dann hell cremefarben und zuletzt fleischfarben bräunlich. Das Fleisch ist zerbrechlich, wachsartig, weißlich, riecht würzig und schmeckt nußartig. Die Krause Glucke ist ein wertvoller, ergiebiger und wohlschmeckender Speisepilz. Das Putzen macht aber einige Mühe, da zwischen den wirren Verästelungen Erdteilchen, Nadeln, Holzstücke usw. stecken. Es gibt noch zwei ähnliche Arten, die Tannen-Glucke (Sparassis nemecii) und die Eichen-Glucke (Sparassis laminosa). Sie sind beide eßbar.

Der Pilz wurde am Schwarzberg bei Oberlangheim fotografiert.

Schwefelgelbe Koralle **eßbar**

Ramaria flava (Schaeff. ex Fr.) Quel.

Familie: Keulenpilz, Clavariaceae

lat. falvus = gelb

Vorkommen: Juli – Oktober
Fruchtkörper 8 – 12 cm breit, 5 – 8 cm hoch

Allgemeines: Die Familie der Keulenpilze besteht aus Pilzen, deren Fruchtkörper ganz anders aussehen als die Hutpilze. Sie sind von keuliger, kolbenförmiger, lanzenförmiger, wurmförmiger, fädiger, ästiger und ästig verzweigter Gestalt. Es gibt große und winzig kleine Arten unter ihnen. Die Herkuleskeule (Clavariadelphus pistillaris) wird bis zu 20 cm hoch, die Schimmernde Mörserkeule (Pistillaria micans) erreicht nur 0,3 cm Körpergröße. Die Fruchtschicht entwickelt sich an der ganzen Oberfläche der Pilzkörper. Die Keulenpilze gehören zu der Klasse der Ständerpilze (Basidiomyceten). Ähnliche Fruchtkörper haben auch die Erdzungen, die einer anderen Klasse, den Schlauchpilzen (Ascomyceten) angehören. Die Unterscheidung beider Pilzklassen ist nur unter Zuhilfenahme des Mikroskopes möglich. Bei den Ständerpilzen werden die Sporen an keuligen Gebilden (Basidien) gebildet. Bei den Schlauchpilzen entstehen sie innerhalb mehr oder weniger langgezogener, sackartiger Gebilde, die als Schlauch (Ascus) bezeichnet werden.

Fortsetzung auf Seite 67

Mehlräsling, Mehlpilz **eßbar**

Clitopilus prunulus (Scop. ex Fr.) Kummer

Familie: Rötlingsartige Blätterpilze (Hellblätter), Entolomataceae

lat. prunulus = kleine Pflaume

Vorkommen: August – Oktober

Hut 3 – 7 cm breit, Stiel 3 – 5 cm lang

Allgemeines: Die Familie der Rötlingsartigen Blätterpilze besteht aus drei Gattungen, den Rötlingen (Entoloma) mit sieben Untergattungen, den Räslingen (Clitopilus) und den Tellerlingen (Rhodocybe). Gemeinsam haben sie das hell bis satt-rosarote Sporenpulver. Die Sporen sind eckig, warzig-eckig oder längsrippig (Mikroskop). Wird ein Pilzhut mit der Fruchtschicht (Lamellen) auf ein Stück weißes Papier gelegt, fallen über mehrere Stunden lang so viele Sporen aus, daß ein pulveriger Sporenbelag entsteht, das Sporenpulver. Die Sporenpulverfarbe ist für die Bestimmung der Blätterpilze von großer Bedeutung.
Vergraste Waldwege zwischen dichten Fichtenbeständen sind der bevorzugte Standort dieses Pilzes. – Nach Krieglsteiner (Z. Mykol. 44(2):216 – 217) bildet er seine Fruchtkörper von Juni bis Oktober in humusreichen Laub- und Nadelwäldern auf nicht sauren, meist neutralen Böden. – Die weißen, grauweißen, samtigen Hüte sind am vergrasten Boden gut zu sehen. Die Fruchtkörper ähneln teilweise weißen Pfifferlingen. Der kräftige Mehlgeruch und die gedrängten, schmalen, am Stiel herablaufenden, zuerst weißen, später fleischrosagelblichen Lamellen legen die Art einigermaßen sicher fest.
Der Hut ist erst halbkugelförmig, am Rand kremplingartig eingerollt; später ist er ausgebreitet und flach trichterförmig eingedrückt. Fortsetzung auf Seite 67

Rinnigbereifter Trichterling, Wiesen-Trichterling **sehr giftig**

Clitocyte rivulosa (Pers. ex Fr.) Kummer

Familie: Hellblättler, Tricholomataceae

lat. rivulosus = rinnig

Vorkommen: Juli – Oktober

Hut 1,5 – 5 cm breit, Stiel 1,5 – 3 cm lang 0,25 – 0,5 cm dick

Allgemeines zur Familie der Hellblättler siehe Seite 8

Dieser sehr giftige kleine Trichterling wächst außerhalb des Waldes auf Wiesen. In großen Mengen kommt er auf beweideten Trockenrasen und Wiesen, auf kalkhaltiger Unterlage vor. Dabei tritt er bis an den Waldrand heran. Die Fruchtkörper stehen gesellig in Gruppen oder bilden Hexenringe. Sie sind im kurzen Gras nicht besonders auffällig. Der Hut ist weißlich fleischbräunlich und hat eine weißliche, abwaschbare Bereifung. Er ist erst gewölbt, dann mehr oder weniger flach bis niedergedrückt und hat einen dünnen, eingebogenen, gekräuselten Rand. Die Bereifung zerklüftet bald in konzentrische Rinnen. An diesen tritt der fleischbraune Untergrund hervor. Diese Eigenschaft gab dem Trichterling seinen Namen. Die Lamellen sind weißlich, stehen gedrängt und laufen etwas am Stiel herab. Der Stiel ist weißlich bis blaß fleischfarben, kurz, gebogen, und fein filzig bekleidet. Das Fleisch ist weißlich bis blaßrötlich, es hat einen milden Geschmack und einen säuerlichen Geruch. Der Rinnigbereifte Trichterling ist stark giftig. Er hat einen erheblichen Muskaringehalt. Diese Clitocybe wird von verschiedenen Autoren nicht von C. dealbata (Sow. ex Fr.) Kummer getrennt. Die vorliegende Art ist identisch mit der von Hans Kreisel (1978) im „Handbuch für Pilzfreunde“ (Michael-Hennig-Kreisel, Band I) unter Nr. 89 beschriebenen C. rivulosa.

Die Pilze wurden am Alten Staffelberg fotografiert.

Rauchblättriger Schwefelkopf

eßbar

Graublättriger Schwefelkopf

Hypholoma capnoides (Fr. ex Fr.) Kumm.

Familie: Träuschlingsartige Blätterpilze, Strophariaceae
lat. capnoides = rauchähnlich (wegen der rauchgrauen Lamellenfarbe);

Vorkommen: Januar bis Dezember, im Vorfrühling, Herbst und im milden Winter, vorwiegend im Herbst · Hut 3 bis 8 cm breit, Stiel 6 bis 9 cm lang, 0,5 bis 0,8 cm dick.

Allgemeines zur Familie der Träuschlingsartigen Blätterpilze siehe Seite 32

Der Rauchblättrige Schwefelkopf ist von den giftigen und ungenießbaren, ihm ähnlichen Schwefelköpfen vor allem durch die schon bald rauchfarbigen Lamellen und den im unteren Teil rostbraunen Stiel unterschieden. Die Geschmacksprobe ermittelt einen milden Geschmack! Die gelbbraunhütigen Fruchtkörper wachsen büschelig am Nadelholz. Wir finden sie bevorzugt an Kiefern- und Fichtenstümpfen. Aber auch gesellig in Reihen und Gruppen, dabei anscheinend auf dem von der Nadelstreu bedeckten Waldboden aufsitzend, ist der Rauchblättrige Schwefelkopf zu finden. Wenn man aber nachsucht, ist festzustellen, daß diese Pilze an den Wurzeln von Nadelbäumen wachsen. – Nach Krieglsteiner (1982) kommt er auch ausnahmsweise an Laubbäumen vor. Die Hüte sind erst halbkugelig gewölbt, dann ausgebreitet und von gelbbrauner, zur Hutmitte hin dunkler Farbe. Die Huthaut ist glatt, ohne Schuppen und Fasern. Nach dem Aufschirmen des Hutes ist der Hutrand mit weißlichen Schleierresten besetzt, die schon bald verschwinden. Fortsetzung auf Seite 67

Grünblättriger Schwefelkopf

giftig

Hypholoma fasciculare (Huds. ex Fr.) Kumm.

Familie: Träuschlingsartige Blätterpilze, Strophariaceae;
lat. fascicularis = büschelig, gebündelt;

Vorkommen: Mai bis November;
Hut 3 bis 7 cm breit; Stiel 5 bis 10 cm lang, bis 0,6 cm dick

Allgemeines: Der Grünblättrige Schwefelkopf wächst büschelig an Laub- und Nadelholzstümpfen und Wurzeln. – Nach Krieglsteiner (1982) ist sein Wirtsspektrum recht groß und möglicherweise handelt es sich noch um eine Sammelart. Eine Frühsommer-Variante hat lebhaft gelbgrüne Lamellen und etwas kleinere Fruchtkörper als üblich. – Der Neuling tut sich schwer, ihn vom Rauchblättrigen Schwefelkopf zu unterscheiden. Die gelbgrünen, grünbraun-schwärzlich verfärbenden Lamellen können von ihm meistens nicht richtig gedeutet werden. Da Grün als Grasgrün, Tannengrün, Moosgrün usw. verstanden wird, wird das eigenartige Mischgrün beim Grünblättrigen Schwefelkopf meistens nicht gesehen. Außer der Lamellenfarbe gibt es noch zwei trennende Merkmale, die Stielfarbe und der Geschmack des Pilzfleisches. Der Stiel ist schwefelgelb gefärbt und das Fleisch schmeckt deutlich bitter. Die erst schwefelgelben, zur Hutmitte fuchsigbraunen Hüte sind zuerst glockig und später ausgebreitet flach gewölbt. Die Lamellen sind zuerst schwefelgelb, dann grünlich und zuletzt grünbraunschwärzlich gefärbt. Sie stehen deutlich gedrängt und sind am Stiel schwach angewachsen. Der Stiel ist dünn, ziemlich zäh, hohl und von schwefelgelber, zur Basis hin von schwach bräunlicher Farbe. Das Fleisch ist schwefelgelb und schmeckt deutlich bitter. Das Sporenpulver ist braunpurpur. Die Giftstoffe dieses Schwefelkopfes sind nicht bekannt. Das Verspeisen größerer Mengen (trotz der Bitterkeit) kann zu schweren, unter Umständen tödlichen Vergiftungen führen.

Die Pilze wurden im Waldteil Klingenteich bei Oberlangheim fotografiert.

Weißer Rasling, Weißer Büschelritterling **eßbar**

Lyophyllum connatum (Schum. ex Fr.) Sing.

Familie: Hellblättler, Tricholomataceae

lat. connatum = zugleich geboren (verwachsen)

Vorkommen: August – Oktober
Hut 3 – 7 cm breit, Stiel 4 – 10 cm lang, 1 – 2 cm dick

Allgemeines zur Familie der Hellblättler siehe Seite 8

In Parkanlagen, Nadel-und Laubwäldern können die weißen Pilzbüschel dieses Rasling angetroffen werden. Er scheint etwas lichte, feuchte Stellen zu bevorzugen. Ich fand ihn stets besonders reichlich neben Forstwegen, an den mehr oder weniger alten, von Baufahrzeugen gerodeten Böschungen. Die Fruchtkörper stehen zu Büscheln verwachsen, aber auch einzeln gedrängt, gesellig in Gruppen zusammen. Es lohnt sich dann ein Behältnis zur Hand zu haben. Die große Anzahl der Fruchtkörper ermöglicht eine ergiebige Ernte. Trocken ist der Hut glatt und weiß. Durchfeuchtet ist er grauweiß, beim Berühren bilden sich schmutziggraue Flecken. Die Lamellen sind weißlich bis blaßcreme, sie stehen dicht beisammen und sind am Stiel ausgebuchtet bis schwach herablaufend angewachsen. Der Stiel ist weiß, später wird er cremegelblich. Die Stielspitze ist schwach flockig bereift, der weitere Stielteil ist kahl. Er wird bald hohl. Oft sind mehrere Stiele an der Basis miteinander verwachsen. Das Fleisch ist weiß, knorpelig, es schmeckt mild und hat einen schwach mehligen Geruch mit einer süßlichen Komponente. Ein sicheres Bestimmungsmerkmal ist die chemische Reaktion des Pilzfleisches auf Eisensulfat, die eine langsame blauviolette Verfärbung hervorruft. Am deutlichsten ist diese an den Lamellen.
Der Weiße Rasling ist ein Speisepilz. Vorsicht vor einer Verwechslung mit weißen Trichterlingen ist geboten!

Die Pilze wurden bei Oberlangheim am Buchenrangen fotografiert.

Laubfreund Trichterling, Blättertrichterling **sehr giftig**

Clitocybe phyllophila (Fr.) Quél.

Familie: Hellblättler, Tricholomataceae

lat. phyllophilus = blattliebend, auf Blättern wachsend

Vorkommen: August – Oktober
Hut 4 – 8 cm breit, Stiel 4 – 7 cm lang, 0,8 – 1,8 cm dick

Dieser mittelgroße, elfenbeinweiße Trichterling ist sehr giftig. Er wächst zwischen Laub und Nadeln, an etwas feuchten Stellen. Dabei tritt er gesellig auf. Die Fruchtkörper stehen in Gruppen und Ringen dicht beisammen. Sie können auch an den Stielenden miteinander verwachsen sein und bilden weiße Pilzbüschel. Der Laubfreund Trichterling kann mit dem Weißen Rasling verwechselt werden! Im trockenen Zustand ist der Hut seidig, glänzend weiß, später wird er von der Mitte her beginnend blaß gelblich. Durchfeuchtet ist er schmutzig bräunlich fleckig. Die Lamellen sind creme-weiß, gelblich, sie stehen dicht beisammen, sind schmal und laufen am Stiel kurz herab. Der Stiel ist zylindrisch und mitunter ein bißchen flachgedrückt. Er ist erst weißlich, später blaß gelblich, und bald hohl. Die Stielbasis ist etwas zugespitzt und mit einem flockigen Myzelfilz umgeben. Das Fleisch ist wäßrig weiß, hat einen angenehmen Geschmack und einen süßlichen Geruch. Diese Clitocybe ist nicht besonders häufig anzutreffen und sicherlich auch schwer von ähnlichen Arten abzugrenzen. Sie wurde wegen der Verwechselbarkeit mit dem Weißen Rasling aufgenommen.

Die Pilze wurden bei Wirsberg fotografiert.

Parasol, Riesen-Schirmpilz

eßbar

Macrolepiota procera (Scop. ex Fr.) Singer

Familie: Schirmlingsartige Blätterpilze, Agaricaceae

lat. procerus = schlank und hoch gewachsen

Vorkommen: August – November

Hut 10 – 30 cm breit, Stiel bis 40 cm lang

Allgemeines: Die Familie der schirmlingsartigen Blätterpilze besteht aus vierzehn Gattungen. Hut und Stiel sind bei den Fruchtkörpern deutlich gegliedert. Ein gemeinsames Merkmal sind auch die freien Lamellen, sie erreichen den Stiel nicht ganz. Dagegen ist die Sporenpulverfarbe sehr unterschiedlich. Diese kann weiß, grünlich, rosa und rot- bis dunkelbraun sein.

Der Parasol ist ein Rekordhalter unter den Pilzen. Er hat den längsten Stiel! Wir finden ihn an lichten Orten im und am Wald. Waldwegränder, Waldwiesen, -schneisen, -lichtungen und Böschungen auf Sand-, Lehm- und Kalkböden sind seine Standorte. Dabei werden Laubwälder anscheinend bevorzugt. Die stattlichen Fruchtkörper sind schon von weitem zu sehen. Von besonderem Reiz sind jung die eiförmigen Keulenschlegel mit dem schönen Braun. Die noch geschlossenen Hüte sind besonders wohlschmeckend. Man teilt die Hüte, paniert sie und brät sie in der Pfanne. Der Geschmack ähnelt einem Kalbsschnitzel. Aufgeschirmte Hüte sind auf die gleiche Weise zu verwerten. Die Stiele sind holzig und bleiben an der Fundstelle zurück. Beim Aufschirmen reißt die Huthaut in abstehende, faserige und konzentrisch angeordnete Schuppen auf. Zwischen diesen ist das weiße Hutfleisch zu sehen. Die gebuckelte Mitte bleibt immer glatt und braun. Die Lamellen sind weiß, weich, breit und erreichen den Stiel nicht.

Fortsetzung auf Seite 68

Safran-Schirmpilz, Rötender Schirmpilz

eßbar

Macrolepiota rhacodes (Vitt.) Singer

Familie: Schirmlingsartige Blätterpilze, Agaricaceae

lat. rhacodes = zerlumpt, von gr. rhakos = zerlumptes Kleid

Vorkommen: Juli – November

Hut 7 – 18 cm breit, Stiel 12 – 20 cm lang

Der Safran-Schirmpilz bewohnt nahezu ausschließlich den Fichtenwald auf sauren und neutralen Böden. Ich habe ihn im Laubwald noch nicht gesehen. An seiner Stelle fand ich dort bei Eichen eine etwas ähnliche Art, Macrolepiota permixta Barla, die ebenfalls rötet.

Der Safran-Schirmpilz wächst gesellig. Es stehen meist mehrere Fruchtkörper gruppenbildend beisammen. Junge Pilze sind schmackhaft und eignen sich besonders zum Braten. Ältere Exemplare schmecken nicht mehr, sie sollen stehenbleiben. Pilzsucher, die den Parasol sammeln, verwechseln oft beide Arten, da sie die trennenden Unterschiede nicht kennen. Er ist dem Parasol ähnlich, aber kleiner. Der Stiel ist weißlich, glatt, nicht braun genattert und wird alt rotbräunlich. Das Fleisch verfärbt sich beim Durchschneiden augenblicklich lachsrot. Bei den Riesenschirmlingen werden zwölf Arten unterschieden.

Die Pilze wurden im Langheimer Wald am Heidelsberg fotografiert.

Pfifferling, Eierschwamm

eßbar

Cantharellus cibarius Fries

Familie: Leistenpilze, Cantharellaceae

lat. cibarius = zur Speise (cibus) dienend, eßbar

Vorkommen: Juni – Oktober
Hut bis 8 cm breit, Stiel bis 6 cm dick

Allgemeines: Bei den Leistenpilzen ist der Fruchtschichtträger nicht lamellig wie bei den Blätterpilzen. Der Fruchtschichtträger ist glatt bis runzelig, adrig erhaben oder leistenförmig faltig. Die Strukturen verlaufen vorwiegend vom Hutrand zum Stielansatz. Die Fruchtkörperform ist mehr oder weniger trichter- bis trompetenförmig.
Der Pfifferling, ein sehr bekannter und früher häufiger Pilz, wird heute immer seltener angetroffen. Es gibt mehrere Usachen hierfür. Eine davon ist das Übersammeln sowie die Art und Weise der Ernte. Durch das ständige Nachstellen sind die Pilze kaum mehr in der Lage ausreichend Sporen zu verbreiten. Das Herauskratzen und Herausreißen der Fruchtkörper schädigt das Pilzgeflecht (Myzel). Die Folge ist dann das völlige Verschwinden des Pfifferlings. Heute werden mehrere Variationen von Pfifferlingen unterschieden. Sie unterscheiden sich durch die verschiedenen, der Haut eingelagerten Pigmente. Der Pfifferling bewohnt den Nadel- und Laubwald. Die Laubwaldformen, besonders die des Buchenwaldes, sind blaßgelb bis weiß. Der Pfifferling des Nadelwaldes ist überall dottergelb. Die Leisten laufen weit herab und sind adrig verbunden. Der Stiel ist von oben nach unten verjüngt. Das Fleisch ist gelblich, fest und kompakt. Es hat einen feinen aromatischen Geruch und einen pfefferigen Geschmack.

Fortsetzung auf Seite 68

Falscher Pfifferling, Orangefarbener Gabelblättling

eßbar

Hygrophoropsis aurantiaca (Wulfen ex Fr.) Mre.

Familie: Kremplingartige Blätterpilze, Paxillaceae

lat. aurantiacus = orangefarbig

Vorkommen: August – November (Dezember) · Hut 3 – 6 cm breit, Stiel 3 – 5 cm hoch

Allgemeines: Die Kremplingartigen Blätterpilze haben herablaufende schmale, gelbe, orange oder braune Lamellen. Der Hutrand ist jung stets nach innen eingerollt.
Die Bezeichnung Falscher Pfifferling, drückt fälschlicher Weise eine Verwandtschaft dieses Pilzes mit dem Pfifferling aus. Er gehört aber nicht zu den Leistenpilzen. Eine oberflächliche Ähnlichkeit mit dem Pfifferling gab ihm den Namen. Der andere Name, Orangefarbener Gabelblättling, ist treffender. Er bewohnt den Nadelwald, kommt aber auch im Mischwald unter Fichte, Kiefer und Tanne vor. Am modrigen Nadelstreu und an zerfallenem Nadelholz wachsen die orangeroten Fruchtkörper. Selbst spät im Jahr ist er noch anzutreffen. – Nach Krieglsteiner (Z. Mykol. 44(2):228 – 229) fruktifiziert er vorwiegend in Nadelholzforsten (Picea, Abies) und Buchen-Fichten-Tannenwäldern, selten in reinen Laubwäldern. Er bevorzugt ärmere Böden und wird kaum einmal auf nährstoffreichen, kalkhaltigen Waldböden gefunden; zumindest zeigt er in Kalkgebieten oberflächlich versauerte Schichten an. – Der Hut ist gelborange bis orangerot, fein filzig, niedergedrückt und hat einen nach innen eingerollten Rand. Die Lamellen sind lebhaft orangerot, dünn und schmal. Sie sind teilweise gegabelt und laufen weit am Stiel herab. Der Stiel ist schlank, biegsam, glatt und orangegelb. Das Fleisch ist velourartig, ledrig weich und biegsam. Der Geruch und Geschmack ist nicht unangenehm. Er ist nicht giftig, wie man früher glaubte, kann aber als Speisepilz nicht empfohlen werden.

Die Pilze wurden am Schwarzberg bei Oberlangheim fotografiert.

Herbsttrompete, Totentrompete **eßbar**

Craterellus cornucopioides (L. ex Fr.) Pers.

Familie: Leistenpilze, Cantherellaceae

lat. cornucopioides = füllhornähnlich, von cornu copiae = Horn der Fülle und eidos = Gestalt, Aussehen

Vorkommen: August – November
Fruchtkörper trompetenförmig, 5 – 15 cm hoch, 2 – 10 cm breit

Allgemeines zur Familie der Leistenpilze siehe Seite 44

Diese Pilzart erscheint später im Jahr. Das Laub der Bäume beginnt sich schon zu färben, vereinzelt trudeln schon Blätter zur Erde. Im schattigen Laubwald unter Buchen und Eichen, auf lehmigen und kalkhaltigen Böden ist sie nicht selten. Es gibt Jahre, da tritt sie in riesigen Mengen auf. Quadratmeter um Quadratmeter des Waldbodens ist dicht besiedelt mit tausenden, in Büscheln, Reihen und Gruppen wachsenden Totentrompeten. Man steht überrascht vor dieser Fülle. An solchen Fundorten kann die Totentrompete Jahr für Jahr erneut gefunden werden. Natürlich ist die Anzahl der Fruchtkörper recht unterschiedlich. Im Nadelwald kommt sie ausgesprochen selten vor. Die düsteren, graubraunen bis schwarzbraunen, tief getrichterten Trompeten wirken auf den unkundigen Betrachter eher abschreckend als einladend. Die Fruchtkörper sind dünnfleischig und bis zur Basis hohl. Ihr Rand ist nach außen umgeschlagen. Der Trompetentrichter ist innen feucht schwarzbraun und trocken braungrau. Die Außenseite trägt die Fruchtschicht. Sie ist graublau bis aschgrau, erst glatt und später runzelig. Das Fleisch ist graubraun, von mildem Geschmack und ohne besonderen Geruch.

Fortsetzung auf Seite 68

Trompetenpfifferling **eßbar**

Cantharellus tubaeformis Fries

Familie: Leistenpilze, Cantharellaceae

lat. tubaeformis = trompetenförmig

Vorkommen: August – November
Fruchtkörper 4 – 8 cm hoch, 2 – 6 cm breit

Dieser dunkel braungelbe Pfifferling ist ein Nadelwaldbewohner. An bemoosten und feuchten Stellen auf sandigen Böden ist er häufig zu finden. Die Pilze wachsen sehr gesellig und besiedeln den Waldboden in dicht gedrängten Gruppen. Die Fruchtkörper sind an der Oberseite dunkel braungelb, faserig bis schuppig. Die Oberseite ist gewölbt, in der Mitte tief genabelt und manchmal zum hohlen Stielinnern durchlöchert. Die Unterseite hat graubereifte, graugelbe Leisten. Diese sind queradrig verbunden und laufen am Stiel herab. Der Stiel ist gelblich und hohl. Das Fleisch schmeckt mild und hat keinen auffallenden Geruch.
Der Trompetenpfifferling ist ein guter Speisepilz, der mehr Beachtung verdient. Er kann getrocknet werden und ist zum Braten und Kochen geeignet.
Eine ähnliche Art ist der Goldstielige Leistling oder Gelbstielige Kraterpilz (Cantharellus lutescens oder Craterellus lutescens), der einen aromatischen, süßen Geruch hat. Die Leisten sind lachsfarben bis orangegelb und der Stiel ist goldgelb. Er ist eßbar.

Die Pilze wurden im Lichtenfelser Forst fotografiert.

Semmelbrauner Schleimkopf **eßbar**

Cortinarius varius Fries

Familie: Haarschleierpilze, Cortinariaceae · *lat. varius = bunt*

Vorkommen: Juli–Oktober · Hut 5–8 cm breit, Stiel 5–8 cm lang, keulig

Allgemeines zur Familie Haarschleierpilze siehe Seite 58

Dieser Schleimkopf ist im Nadelwald unter Fichten auf kalkhaltigen Böden eine recht häufige Art. Am Rande kalkgeschotterter Forststraßen, im Innern des Fichtenwaldes stehen die hübschen semmelbraunen Pilze gesellig in Reihen und Gruppen. Der Semmelbraune Schleimkopf ist einer der wenigen Pilze aus dieser Gattung, der durch seine charakteristischen Artmerkmale so gut festgelegt ist, daß er stets wieder erkannt werden kann. Sein Hut ist semmelbraun bis rostfarben, fuchsigorange, am Rand mehr semmelgelb gefärbt. Erst ist er halbkugelig, dann flach ausgebreitet, glatt und etwas schmierig. Die Lamellen sind zuerst kräftig rein violett oder fliederfarben. Diese Färbung bleibt sehr lange erhalten. Erst viel später werden sie durch die reifenden Sporen blaßlilabräunlich bis zimtrostfarben. Am Stiel sind sie ausgebuchtet angewachsen. Der Stiel ist kräftig, bauchig keulig. Er kann aber auch fast zylindrisch sein. Der Hutrand ist bei jungen Fruchtkörpern durch eine weiße, glänzende Hülle (Cortina) mit dem Stiel verbunden. Die Stielfarbe ist erst weiß, später wird sie blaßocker. Das Fleisch ist weiß, im Stiel ist es gelbockerlich. Der Geruch ist schwach, aber angenehm pilzartig. Der Geschmack ist mild und etwas süßlich.
Der semmelbraune Hut, die fliederfarbenen Lamellen, und der weiße, keulige Stiel sind der Dreiklang, an dem dieser Schleimkopf immer wieder zu erkennen ist. Es lohnt sich, diesen Pilz kennenzulernen. Er ist ein sehr guter Speisepilz.

Die Pilze wurden im Lichtenfelser Forst und bei Lahm fotografiert.

Heideschleimfuß, Brotpilz, Heideschleierling, Kastanienbrauner Schleimfuß **eßbar**

Cortinarius mucosus (Bull. ex Fr.) Fr.

Familie: Haarschleierpilze, Cortinariaceae · *lat. mucosus = voller Schleim, von mucus = Schleim*

Vorkommen: August–Oktober · Hut 4–10 cm breit, Stiel 5–8 cm lang, 1–2 cm dick

Der Heideschleimfuß gehört zu einer Untergattung der Schleierlinge, bei der die Fruchtkörper ganz von einer schleimigen Hülle eingehüllt sind. Er ist ein Kiefernbegleiter in Sandsteingebieten und auf sandigen Böden. Dieser schöne brotkrustenbraune Schleimfuß wächst gesellig in verstreuten Gruppen. Die Namen, die der Volksmund ihm gab, halten alle eine wichtige Eigenschaft des Pilzes fest. Bei feuchtem Wetter ist der Pilz mit einer dicken Schleimschicht bedeckt. Herabfallende Nadeln, Erdklümpchen und Holzteilchen, die mit dieser in Berührung kommen, bleiben daran haften. Wird es trocken, dann trocknet die Schleimschicht ein und der Hut wird glatt und glänzend. Die Fremdkörper kleben daran fest. Der Hut ist gelbbraun bis kastanienbraun gefärbt. Die Hutmitte ist stets dunkler braun. Erst ist er flach gewölbt, dann ausgebreitet. Die Lamellen sind an den Schneiden fein gekerbt. Zuerst sind sie blaß, dann rostzimtfarben. Der Stiel ist weiß und im unteren Teil schleimig. Er hat einen von den Sporen rotbraun gefärbten Gürtel: Der Rest eines glasigfädigen Schleiers, der vom Stiel zum Hutrand reichte. Das Fleisch ist gelblich, es riecht unbedeutend und schmeckt mild.
Das Sammeln schleimiger Pilzarten ist nicht jedermanns Sache. Wenn der Schleim entfernt wird, ist der Heideschleimfuß ein wohlschmeckender Speisepilz.

Die Pilze wurden im Lichtenfelser Forst fotografiert.

Schafporling

eßbar

Albatrellas ovinus (Schäff. ex Fr.) Kotl. et Pouzar

Familie: Erdporlinge, Scutigeraceae

lat. ovis = Schaf

Vorkommen: August – Oktober

Hut 5 – 12 cm breit, Stiel 3 – 5 cm lang, 1 – 3 cm dick

Allgemeines: Die Erdporlinge bilden eine Familie mit zwei Gattungen und vier Arten. Sie umfassen röhrlingsartige, weichfleischige und auf dem Erdboden wachsende Porlinge. Eine Verwandtschaft mit den holzbewohnenden Porlingen dürfte kaum vorliegen.

Dieser Porling ist ein Nadelwaldbewohner, der den lichteren Waldtyp vorzieht. – Nach Krieglsteiner (1982) ist er hauptsächlich ein Fichtenbegleiter, der sowohl auf Silikat- als auch auf Kalkböden auftreten kann. – Aus dickem Nadelstreu schimmern die weißlichen bis graugelblichen, oft feldrig rissigen Pilzhüte. Manchmal möchte man glauben, hingeworfene weiße Papierreste zu sehen. Durch das gesellige, oft sogar büschelige Wachstum werden kleinere und größere Pilzrasen gebildet. Die Hüte sind an den Rändern miteinander verwachsen. Die niedrigen Stiele stecken tief in der lockeren Nadelstreu, so daß die Pilze wie ein krustiger Belag den Waldboden bedecken. Entnimmt man davon etwas und dreht es um, blickt man auf viele kleine, schöne, weiße, gilbende Poren, die teilweise an den Stielen herablaufen. Junge Fruchtkörper haben ein saftiges, weiches, weißes Fleisch. Der Schafporling ist jung ein guter Speisepilz. Alte Fruchtkörper schmecken bitter und sind oft von einem Schimmel befallen, der am Hut blaugraue Beläge bildet. Diese sind dann ungenießbar.

Die Pilze wurden im Langheimer Forst fotografiert.

Semmelporling

eßbar

Albatrellas confluens (Alb. et Schw.) Kotl. et Pouzar

Familie: Erdporlinge, Scutigeraceae

lat. confluens = zusammenfließend

Vorkommen: August – Oktober

Hut 5 – 12 cm breit, Stiel verzweigt gestielt

Diese Art kann mit dem Schafporling verwechselt werden. Seine Hutfarbe ist aber schön semmelgelb! Sein Name weist darauf hin. Im Nadelwald auf sauren Sand- und Sandsteinböden ist er zu Hause. Nach Krieglsteiner (1982) ist zu beobachten, daß sein Vorkommen rasch zurückgeht. Eine auffallende Eigenschaft des Semmelporlings ist das Zusammenwachsen der Hüte. An den Huträndern vereinigt bildet er mehr oder weniger große Pilzflächen. In seltenen Fällen können diese bis zu 30 cm groß werden. Dreht man den Pilz um, sind viele, winzige, runde, weißliche bis blaßgelbrötliche Poren zu sehen. Die Röhren sind kurz, bis 2 mm lang, und laufen am Stiel herab. Die Eigenschaft, sich miteinander zu verwachsen, findet sich bei den Stielen wieder. Die einzelnen Hut-Stiele verwachsen schon nach wenigen Zentimetern miteinander zu einem kräftigen Ganzen, das pfahlartig tief im Erdreich steckt. Das Fleisch ist weiß, saftig, ohne auffallenden Geruch, aber mit einem bitteren Geschmack. Der Semmelporling ist jung eßbar. Um die Bitterstoffe zu entfernen muß er vor dem Zubereiten abgekocht werden. Er ist aber ein seltener Porling und sollte nicht gesammelt werden.

Die Pilze wurden im Lichtenfelser Forst fotografiert.

Glänzender Lackporling

ungenießbar

Ganoderma lucidum (Curt. ex Fr.) Karst.

Familie: Lackporlinge, Ganodermataceae · *lat. lucidus = leuchtend, spiegelnd*

Vorkommen: August–Oktober · Hut 2,5–12 cm und breiter, Stiel bis 22 cm lang

Allgemeines: Die Lackporlinge sind ein- und mehrjährige holzbewohnende Pilze. Die Oberseite ist mit einer deutlichen harzigen oder lackartigen bis wachsartigen Schicht überzogen. Sie sind wärmeliebend. In Mitteleuropa sind etwa sieben Arten der Gattung Ganoderma vertreten.

Beim Durchstreifen von Laubwäldern, insbesondere von Eichen- und Buchenwäldern, können wir diesem hübschen bunten Porling begegnen. Er ist von einem satten Rotbraun bis Korallenrot lackiert. Der fächerförmige glänzende Hut sitzt seitlich an dem dunkelrotbraun rundum lackierten Stiel. Noch wachsende Exemplare besitzen eine weißgelbe Randzone, dieser Zone fehlt aber der lackartige Glanz. Die Poren sind sehr klein, rund, erst weißlich, dann holzfarben. An Stämmen, Stümpfen und oft auch an vergrabenem Holz bilden sich die Fruchtkörper, dabei bilden letztere besonders lange Stiele aus. Sie wachsen im Sommer und vergehen im Winter. An der gleichen Stelle können mehrere Jahre hintereinander Fruchtkörper entstehen.

Der glänzende Lackporling ist sicher einer der schönsten Porlinge unserer Wälder. Trocknet man ihn, so behält er zwar seine Farbe und Form, der schöne Lackglanz aber verschwindet. Durch Lackieren kann der Glanz wieder entstehen. Es ist eine reizvolle Beschäftigung, aus getrockneten Porlingen bezaubernden Raumschmuck zu fertigen. Nur etwas Vorstellungskraft wird dazu benötigt.

Die Pilze wurden am Klentsch bei Lichtenfels fotografiert.

Schillernder Blättling

ungenießbar

Daedaleopsis tricolor (Bull. ex Mér.) Bond. et Sing.

Familie: Porlinge, Poriaceae · *lat. tricolor = dreifarbig*

Vorkommen: September–November · Hut 2–5 cm breit

Allgemeines: Die Großfamilie der Porlinge beinhaltet Pilze mit unterschiedlichsten Fruchtkörperformen. Diese können flächig krustenförmig, büschelig fächerartig, kugelig wulstig, dick bis dünn, konsolenförmig und manches mehr sein. Das Fruchtkörperwachstum ist ein- oder mehrjährig. Gemeinsam haben die Poriaceaen aber das Vorkommen an Holz. Sie haben eine meist porige, aber auch labyrintisch-lamellige und auch lamellige Fruchtschichtträgerform. Ein vom Alter oder vom Sturm gestürzter Wildkirschenbaum wird schon bald von verschiedenen Pilzarten befallen. Hat man Glück, so kann man daran die abgebildete seltene Porlingsart entdecken. Die flachen, dünnen, eleganten, nahezu kreisförmigen Konsolen zeigen oberseits ein freudiges, samtig schimmerndes Blutrot, dies wird belebend von teilweise hellen Zonen, zum Rand hin unterbrochen. Die Unterseite hat viele, dünne, schmale, grauschimmernde Lamellen. Außer an der Wildkirsche kommt dieser Blättling auch noch sehr selten an Hasel und Birke vor. Dieser freudige, elegante Pilz sollte wegen seiner Seltenheit geschont und an seinem Wuchsort belassen werden. Eßbar ist er wie die meisten Porlinge nicht.

Die Pilze wurden am Schwarzberg bei Oberlangheim fotografiert.

Rauher Schafporling

nicht bekannt

Jahnoporus hirtus (Cooke) Nuss comb. nov.

lat. hirtus = struppig, rauh

Anmerkung: Dr. Ingo Nuss, Regensburg, kommt bei seinen Untersuchungen zur systematischen Stellung der Gattung Polyporus zu der folgenden Feststellung: Der Porling „Polyporus hirtus“ (Singer, 1975:177) bzw. „Albatrellus hirtus“ (Donk, 1971:4; Pouzar, 1972:200; Jahn, 1973:104; 1978:93) kann nicht bei diesen Gattungen bleiben. Die Tatsache, daß er sowohl an der Hutoberseite als auch am Hymenophor Fremdkörper umschließt und weitere markante Abweichungen von der Taxa der Gattung Polyporus und Albatrellus aufweist, waren der Grund, eine neue Gattung, Jahnoporus Nuss, mit nur einer Species aufzustellen. Der Gattungsname – Jahnoporus – ehrt den verdienten Porlingforscher Dr. Hermann Jahn.

Dieser Pilz dürfte einer der seltensten Porlinge Europas sein. Als am 18. September 1977 ein graubrauner Porling mit dezentralem Stiel zur Pilzausstellung nach Weidhausen gebracht wurde, war es nicht möglich, diesen Porling zu bestimmen. Herr Heinz Engel, der Initiator dieser Pilzausstellung, nahm sich der weiteren Klärung an und schickte den Fruchtkörper Herrn Dr. Hermann Jahn, Detmold. Herr Dr. H. Jahn bestimmte den Pilz als Albatrellus hirtus (Quel.) Donk und berichtete von der großen Seltenheit dieses Porlings. Eine Abhandlung zu diesem Ereignis wurde in den Westfälischen Pilzbriefen (Band XI – 5 – 1978) veröffentlicht.

Der 1873 im französischen Jura erstmals gefundene und beschriebene Porling ist bis heute nur wenige Male in Frankreich und der Schweiz wiedergefunden worden. 1978 konnte ich den Pilz im Waldteil Tennelohe, Lichtenfelser Forst, an neun verschiedenen Standorten feststellen. Die Fundstellen waren verschieden beschaffen. Bei sechs Standorten standen die Fruchtkörper unmittelbar neben stark vermoderten Fichtenstümpfen in auffallend dicker Nadelstreu mit verlängert wurzelnden Stielen auf Holz. Bei zwei Fundstellen standen die Fruchtkörper auf dem nackten, wenig benadelten Waldboden zwischen lebenden Fichten. Oberflächliches totes Holz war nicht am Fundort. Dann gibt es noch einen Standort, der mit 15 Fruchtkörpern besetzt war. Dieser Standort ist eine Kombination zwischen einem stark vermoderten, mit dicker Nadelstreu beschichteten Fichtenstrunk und einer unmittelbar dabeistehenden lebenden Fichte. In allen Fällen dürften die Fruchtkörper mit Holz in Verbindung gewesen sein. Der Boden ist oberflächlich mehr oder weniger versauert.

Die Hüte sind unregelmäßig rund, bei exzentrisch gestielten Exemplaren mehr nierenförmig bis spatelförmig. Die Hutbekleidung besteht aus einem graubraunen filzigen Belag. Dieser Belag geht bei den exzentrisch gestielten Pilzen von der Hutoberfläche einseitig auf den Stiel über und an diesem weit herab. Der Hutrand ist bogig gelappt. Die Röhren laufen am Stiel herab, sie sind 2–6 mm lang und weiß. Die Röhrenmündungen sind 0,5–1 mm breit, unregelmäßig rund bis eckig. Der Stiel ist zur Basis verjüngt und mehr oder weniger wurzelnd. Unterhalb der Röhren ist er flaumig haarig und gegen die Basis oft hutfarben filzig. Die Stiele sind oft am Stielgrund miteinander verwachsen. Das Fleisch ist reinweiß und zäh. Der Geschmack ist merklich bitter. Die Sporen sind länglich spindelig-oval und 12–17 x 4–6 μm groß.

Im Waldteil Tennelohe konnte dieser seltene Porling an zwei Standorten alle Jahre wieder, von 1978–1983, festgestellt werden, was für seine Standortfestigkeit spricht. Leider gingen durch Abholzarbeiten sieben Fundstellen verloren.

Die Pilze wurden im Waldteil Tennelohe fotografiert.

Hallimasch

eßbar

Armillariella mellea (Vahl ex Fr.) Kumm.

Familie: Hellblättler, Tricholomataceae

lat. melleus = honigfarben, von mel, Gen. mellis = Honig

Vorkommen: August – Oktober · Hut 3 – 10 cm breit, Stiel 7 – 12 cm lang, 0,8 – 1,8 cm dick

Allgemeines zur Familie der Hellblättler siehe Seite 8

Unter den parasitisch lebenden Blätterpilzen ist der Hallimasch der Bekannteste. Der Forstmann kennt ihn als Holzzerstörer. Er befällt nahezu alle Baumarten, die dann geschädigt werden bis sie absterben. Die vielhütigen Pilzbüschel sitzen an Baumstrünken, an Baumwurzeln und an Stämmen lebender Bäume. Zur Sporenreife fallen mehrere Tage lang viele Millionen Sporen aus. Ein Teil bildet einen weißlichen Belag um die sporenden Pilze. Der andere Teil wird von Luftströmungen kilometerweit getragen, sie sind dann überall gegenwärtig. An Verletzungen der Rinde dringen sie zwischen Borke und Holz ein und infizieren den Baum. Das Pilzgeflecht (Myzel) kann sich aber auch im Boden ausbreiten und benachbarte Bäume befallen. Das Artenspektrum des Hallimasch (Jahn 1980) ist noch nicht ausreichend geklärt. Der Hallimasch wird taxonomisch wie ökologisch noch zu studieren sein. Der Hut ist gewölbt, gelbbraun bis braun, und hat dunkelbraune oder olivbraune, abstehende Schuppen. Die Lamellen stehen ziemlich weit, sind sahnegelb, am Stiel schwach sichelförmig herablaufend angewachsen. Der Stiel ist zylindrisch, faserig, sahnefarben. Der Ring sitzt hoch am Stiel. Er ist bei jungen Fruchtkörpern trichterförmig, die Oberseite ist weiß, die Unterseite gelb. Bei älteren Fruchtkörpern kann er fehlen. Der Hallimasch ist ein brauchbarer Speisepilz. Er eignet sich zum Kochen, Braten, Trocknen und besonders zum Einlegen in Essig. Nur die jungen Hüte sind zu verwenden, die Stiele sind zäh. Bei manchen Leuten ruft er Verdauungsstörungen hervor. Die individuelle Verträglichkeit ist durch das Essen kleinerer Mengen festzustellen. Auf jeden Fall muß er gut und lange erhitzt werden.
Meine Familie und ich haben keine unangenehmen Erfahrungen gemacht. Er wurde aber niemals in übergroßen Mengen verspeist.

Die Pilze wurden am Klentsch bei Lichtenfels fotografiert.

Sparriger Schüppling

ungenießbar

Pholiota squarrosa (Müll. ex Fr.) Kumm.

Familie: Träuschlingsartige Blätterpilze, Strophoriaceae

lat. squarrosus = grindig-schuppig, sparrig, von gr. eschara = Schorf, Grind

Vorkommen: September – November · Hut 6 – 10 cm breit, Stiel 7 – 18 cm lang, 1 – 1,5 cm dick

Allgemeines zur Familie der Träuschlingsartigen Blätterpilze siehe Seite 32

Der Sparrige Schüppling mit seinem blaßockergelben Hut, den dichtstehenden, sparrigen und rostbraunen Schuppen und den büschelig wachsenden Fruchtkörpern wird immer wieder mit dem Hallimasch verwechselt. Er ist ein Wundparasit. Die Sporen dringen an verletzten Stellen der Rinde ein und infizieren den Baum. Er befällt bevorzugt Obstbaumarten. Die Fruchtkörper erscheinen am Grunde der Baumstämme. Er kommt aber auch an anderen Laubbaumarten und Nadelbäumen vor. Trennende Merkmale zum Hallimasch sind: Die regelmäßig angeordneten, sparrigen Schuppen des Hutes und des Stielteils unterhalb des ausgefransten Rings und der **rostbraune Sporenstaub.** Ferner die engstehenden, später rostbraunen Lamellen. – Er ist ungenießbar. Junge Fruchtkörper können durch Abbrühen genießbar gemacht werden.

Die Pilze wurden im Waldteil Klingenteich bei Prügel fotografiert.

Pilze, die im Spätherbst und Winter wachsen

Vergrabener, benagter Klumpfuß — eßbar

Cortinarius (Phlegmacium) corrosus Fr.

Familie: Haarschleierpilze, Cortinariaceae
lat. corrosus · benagt

Vorkommen: Oktober – November im Nadelwald als Mykorrhizapartner der Fichte (Picea abies), auf kalkhaltigen Böden, auffallend tief im Boden eingesenkt, nur der Hut schaut hervor

Hut 3,5 – 7 cm, Stiel 3 – 7,5 cm lang, 2 – 2,5 cm dick

Allgemeines: Die Familie der Haarschleierpilze ist sehr artenreich. Die Sporenpulverfarbe der Pilze ist unterschiedlich brauntönig. Die einzige Ausnahme macht der Schleierritterling (Leucocortinarius bulbiger), der ein weißes Sporenpulver besitzt. Ein gemeinsames Merkmal für alle Haarschleierpilze ist die fädige, cortinaartig ausgebildete Teilhülle. Von den 13 Gattungen ist die Gattung der Schleierlinge die artenreichste. Es werden die Schleierlinge (Cortinarius), die Schleimköpfe, Klumpfüße (Phlegmacium), die Schleimfüße (Myxacium), die Gürtelfüße, Wasser- und Hautköpfe (Telamonia) und die Rauhköpfe (Leprocybe) unterschieden.
Die Schleimköpfe und Klumpfüße gehören zur Untergattung Phlegmacium, gr. phlegma = der Schleim. Sie haben eine schleimige Huthaut. Bei jungen Fruchtkörpern ist der Hutrand mit dem Stiel durch einen fädigen Schleier (Cortina) verbunden, der aber bald vergeht. Der Stiel ist zylindrisch bis keulig verdickt oder am unteren Stielende mehr oder weniger stark knollig. Diese Pilze leben im Laub- und Nadelwald auf kalkhaltigen Böden. Als Mykorrhizabildner haben sie sich streng an bestimmte Baumarten gebunden. Es sind eßbare und giftige Arten bekannt.
Makroskopische Merkmale: Hut, jung halbkugelig, später ausgebreitet und am Scheitel verflachend. Hutrand nach innen eingerollt und lange so bleibend. Hutoberfläche auffallend oft mit tiefgrubigen Schneckenfraßstellen versehen (Artname corrosus = benagt). Hutfarbe ockergelb, strohfarben mit mehr oder weniger fuchsigen Flecken. Huthaut feucht schmierig, trocken matt glänzend, von mildem Geschmack. **Lamellen** gedrängt, jung hell tonfarben, mit in der Draufsicht auffallendem rosafleischfarbenen Schimmer (ähnlich einer rosa Gesichtsschminke), am Stiel gerade bis schwach ausgebuchtet angewachsen. **Cortina** weiß, vergänglich. **Stiel** weiß bis elfenbeinweiß, mit mehr oder weniger reichlichen Cortinaresten, die durch das Sporenpulver bald rostbraun bestäubt sind, und einer kräftigen bis 4,5 cm dicken gerandeten Knolle, Knollenrand gelbbraun, später auch der Stiel von der Knolle ausgehend gelbbraun verfärbend, Knollenbasis weiß bleibend, Fleisch weiß, etwas gilbend. **Geruch** unbedeutend. **Fleisch** weißlich. **Geschmack** angenehm. **Sporenpulver** rostbraun.
Mikroskopische Merkmale: Sporen 10,4 – 11,6/6,0 – 6,96 μm, mandelförmig mit warziger Oberfläche. Cortinahyphen, hyalin mit Schnallen 2,3 – 3,7 μm dick, oft bis zu 7 μm verdickt.
Chemische Merkmale: KOH 20 % auf der Huthaut weinrot bis braunrot, im Hutfleisch rosa bis rosabraun; $FeSO_4$ im Hutfleisch null bis schwach graugrün; Guiak im Hutfleisch erst gelb mit blauem Rand, dann ganz blauend.
Anmerkung: Die Pilze wurden 1981 und 1982 im Neuensorger Forst, Landkreis Lichtenfels, in mehreren Fruchtkörpern festgestellt. Herr Schwöbel, Pfinztal, war so freundlich und überprüfte eine zugesandte Kollektion.
Verträglichkeit: eßbar, aber wegen der Seltenheit zu schonen.

Blaustiel, Maskierter Rötelritterling **eßbar**

Lepista saeva (Fr.) P. D. Orton

Familie: Hellblättler, Tricholomataceae

lat. saevus = hart, streng

Vorkommen: Oktober – November (Dezember), selten auch April, Mai
Hut 6 – 15 cm breit, Stiel kurz

Allgemeines zur Familie der Hellblättler siehe Seite 8

Wenn die Herbstnebel schwer über den Fluren liegen, die ersten Reifnächte Wald und Flur mit Eiskristallen verzieren, die Sonne ihre Bahn im flachen Bogen geht, dann ist die Zeit gekommen, dem Blaustiel nachzustellen. Auf Wiesen und Weiden, tief ins Gras geduckt, stehen die fleischigen, breithütigen und kurzstieligen Fruchtkörper. Steht das Gras noch hoch, so sind sie kaum zu sehen. Erst fast darüberstehend erfaßt das Auge die glatten, kahlen, graugelblichen bis grauockerfarbenen mehr oder weniger marmorierten Hüte. Die Lamellen stehen dicht gedrängt. Sie sind blaßgrau bis gelblichgrau gefärbt und am Stiel ausgebuchtet angewachsen. Auffallend überrascht der kurze, dicke, lebhaft blauviolett gefärbte Stiel. Hier in Oberfranken wird er deshalb Blaustiel genannt. Dieses schöne Blauviolett steht im scharfen Kontrast zum Grauocker des Pilzes. Das Sporenpulver ist schmutzig rosarot (Rötelritterling). Eine Verwechslung mit Giftpilzen ist bei Beachtung der geschilderten Merkmale nicht möglich. Da er reichliche Ernten ermöglicht, wird der Blaustiel gerne gesammelt. Es gibt Leute, die schätzen ihn sehr. Rohe Pilze sind giftig. Blaustiele müssen bei 90° C etwa 10 – 15 Minuten erhitzt werden. Die giftigen Wirkstoffe sind nicht hitzefest und werden dadurch unschädlich gemacht.

Fortsetzung auf Seite 69

Graubrauner Rötelritterling **eßbar**

Lepista luscina (Fr.) Sing.

Familie: Hellblättler, Tricholomataceae

lat. luscinus = einäugig

Vorkommen: September – Oktober
Hut 3 – 8 cm breit, Stiel 4 – 7 cm lang, 1 – 2 cm dick

Dieser horngraue Rötelritterling bildet durch seine Fruchtkörper einen bandbreiten Pilzring. Dabei stehen diese in dicht gedrängten Gruppen. Ein derartiges Gebilde wird als Hexenring bezeichnet. Seine Entstehung brachte man früher mit Hexen, Hexentanz, in Verbindung. Heute ist die Ursache für das Entstehen des Hexenringes bekannt. Aus den Sporen entsteht das Myzel (Pilzgeflecht). Dies geschieht an einer für dessen Entwicklung geeigneten Stelle. Von diesem Zentrum aus wächst das Pilzgeflecht radial nach außen. Fruchtkörper entstehen nur am jüngsten Teil des Pilzgeflechtes. Es entsteht ein Hexenring! Hexenringe können aus Hunderten von Pilzen bestehen. Der Graubraune Rötelritterling scheint eine Vorliebe für beweidete Wiesen auf kalkigen Böden zu haben. Ich fand ihn stets auf von Schafen beweideten Trockenrasen und Wiesen auf kalkhaltiger Unterlage. Der Hut ist horngrau bis braungrau, erst halbkugelig, später ausgebreitet. Der Hutrand ist dünn, anfangs eingerollt, dann nach oben gebogen. Die Lamellen sind weißlich bis schmutzig grauocker, schmal, stehen gedrängt und sind am Stiel ausgebuchtet bis herablaufend angewachsen. Der Stiel ist zylindrisch, blaßgrau bis blaßgraugelbbraun. Das Fleisch schmeckt mild und riecht deutlich nach Mehl. Das Sporenpulver ist rötlich. Er ist ein schmackhafter, wenig bekannter Speisepilz. Den Graubraunen Rötelritterling fand ich oft zusammen mit dem Blaustiel am gemeinsamen Standort.

Die Pilze wurden nördlich vom Spitzberg bei Romansthal fotografiert.

Austernseitling, Austernpilz
eßbar

Pleurotus ostreatus (Jacq. ex Fr.) Kummer

Familie: Seitlinge, Pleurotaceae — jetzt bei den Löcherpilzen (Polyporaceae)

lat. ostreatus = austernartig, muschelartig

Vorkommen: Mitte Oktober—Februar

Hut 5—15 cm, Stiel kurz

Allgemeines: Die Familie der Löcherpilze besteht aus sechs Gattungen einjähriger Pilzarten, den Nichtechten Porlingen (Polyporus), dem Orangenseitling (Phyllotopsis nidulans), den Seitlingen (Pleurotus), den Knäulingen (Panus), den Sägeblättlingen (Lentinus) und dem Kohlenleistling (Geopetalum carbonarium). Die Fruchtschichtträger sind röhrig bis lamellig. Die Stiele stehen zentral, exzentrisch oder seitlich (lateral). Sie bewohnen Holz — seltener Graswurzeln.

Wenn die meisten Speisepilzarten mehr und mehr verschwinden, erscheint der Austernseitling. In dicken, seitlichen und übereinanderstehenden Bündeln drängen seine Fruchtkörper aus dem Holz sterbender und toter Baumstämme hervor. Auch an liegenden Stämmen und an Strünken erscheinen Jahr für Jahr in großer Üppigkeit die fleischigen und muschelförmigen Pilzkörper. Bevorzugt wird die Rotbuche befallen. Aber auch an der Weißbuche, der Pappel, der Erle, der Weide, der Esche, dem Nußbaum, der Roßkastanie und der Linde kommt der Austernseitling vor. Er ist ein Wundparasit. Seine Sporen werden von der Luft in große Entfernungen befördert. An den Wunden beschädigter Bäume dringen sie ein und es bildet sich das Pilzgeflecht, das sich mehr und mehr ausbreitet, Fruchtkörper bildet und das Holz langsam zersetzt. Es entsteht eine Weißfäule.

Fortsetzung auf Seite 69

Samtfuß-Rübling, Winterpilz
eßbar

Flammulina velutipes (Curt. ex Fr.) Sing.

Familie: Hellblättler, Tricholomataceae

lat. velutipes = Samtfuß

Vorkommen: Oktober—April

Hut 3—10 cm breit, Stiel 3—10 cm lang, 0,3—1,5 cm dick

Allgemeines zur Familie der Hellblättler siehe Seite 8

Den Namen Winterpilz hat dieser honiggelbe, laubholzbewohnende Pilz zu Recht. Vor allem in den Wintermonaten erscheinen seine büscheligen Fruchtkörper. Während milder Tauperioden wachsen die Fruchtkörper, anschließende Frostperioden schaden ihm nicht. Er ist in Laubwäldern, Parkanlagen und Gärten gleichermaßen daheim. Selbst in den Städten sind die gelb bis rostgelben Pilzbüschel zu entdecken. In den Wäldern um Lichtenfels befällt er bevorzugt die Rot- und Weißbuche, ist aber auch bei der Weide, der Esche, der Pappel, der Ulme, der Linde und dem Holunder zu finden. Neben dieser, oft viele Meter hoch am Stammholz lebenden Form kommt er auch am Boden vor. Diese Exemplare wachsen ebenfalls büschelig, sind besonders groß und haben einen langen wurzelnden Stiel, der tief im Erdboden dem Holz aufsitzt. Die am Erdboden wachsenden Pilze fand ich stets in feuchten Waldteilen entlang von Bachläufen bei Weißbuchen, Eschen und Eichen. Der Hut ist honiggelb, in der Mitte fuchsig, später rotgelb bis braun, feucht ist er klebrig und glänzend. Die Lamellen sind zuerst weiß, dann gelblichweiß, etwas gedrängt und am Stiel ausgebuchtet angewachsen. Von der Stielspitze abwärts ist der Stiel mehr oder weniger breit, gelblich. Der restliche Stiel ist dicht braunschwarz samtig überzogen.

Fortsetzung auf Seite 69

Anhang

Rund-Morchel, Speisemorchel

Fortsetzung von Seite 6

Bei jungen Pilzen sind die Wände der Wabengruben noch eng gewunden. Später erweitern sich diese, die senkrechten Wände treten stärker hervor als die querlaufenden, es entstehen rundliche Gruben. An der Oberfläche dieser Gruben wird die Fruchtschicht gebildet. Die Färbung der Rund-Morchel ist sehr unterschiedlich. Es gibt ocker-, rot-, oliv- und graubraune Formen. Der Stiel ist weiß bis gelblich und hohl. Das Fleisch ist wachsartig, brüchig, zart und hat einen angenehmen Geruch und Geschmack.

Die Vorliebe bei Eschen vorzukommen ist nicht durch eine Bindung an diesen Baum gegeben. Durch die Verrottung des Eschenlaubs wird wahrscheinlich eine für diese Morchel sehr geeignete Bodenzusammensetzung (Humus) gebildet. Auch Obstgärten können geeignete Standorte für diese Morchel sein.

Die Rund-Morchel ist ein wohlschmeckender Speisepilz, der sehr geschätzt wird. Sie ist zum Trocknen sehr gut geeignet. Neben der Rund-Morchel (es werden mehrere Variationen unterschieden) gibt es die Spitzhütige-Morchel (es werden die Spitzmorchel, M. conica, und die Hohe-Morchel, M. elata, unterschieden).

Die Pilze wurden bei Vierzehnheiligen fotografiert.

Frühjahrslorchel, Giftlorchel

Fortsetzung von Seite 6

Untersuchungen in den Jahren 1967 und 1968 ermittelten einen Giftstoff, der als Gyromitrin bezeichnet wird. Diese Substanz kann durch heißes Wasser und Alkali aufgespalten werden. Trotzdem gibt diese hübsche Gift-Lorchel im Bezug auf ihre Giftwirkung noch Rätsel auf. Der schöne rotbraune, später schwarzbraune, zartfilzige, hirnartig wulstig gestaltete Kopfteil sitzt auf einem grauweißen bis blaßgelblichen, unregelmäßig stark gefurchten, kleiig betupften Stiel. In Nadelwäldern, besonders unter Kiefern auf sandigen Böden, auf Kahlschlägen und auf alten Brandstellen sind diese schönen Lorcheln zu entdecken. In Nordwestoberfranken ist sie sehr selten.

Die Pilze wurden im Lichtenfelser Forst am Krötenrangen fotografiert.

Maipilz, Mairitterling

Fortsetzung von Seite 8

Der Hut ist erst halbkugelig gewölbt, später ausgebreitet; der Rand ist lange nach innen eingerollt. Die Lamellen sind schmal, weiß und so bleibend, stehen sehr gedrängt, und sind am Stiel ausgebuchtet angewachsen. — Krieglsteiner (1981) berichtet von deutlich zu unterscheidbaren Formvarianten, eine mit deutlich am Stiel ausgebuchtet angewachsenen Lamellen (Ritterlings-Aussehen), die andere Variante mit leicht am Stiel herablaufenden Lamellen (Trichterlings-Aussehen). — Der Stiel ist weiß, kurz gedrungen, zylindrisch. Das Fleisch riecht stark nach Mehl und schmeckt mehlartig bis gurkig. Der Sporenstaub ist weiß. Die abgebildeten Maipilze wurden am Gipfel des alten Staffelberg gefunden.

Vorsicht vor der Verwechslung mit dem giftigen Riesenröhtling (Entoloma sinuatum). Er hat einen ähnlichen Geruch und Geschmack. Die Lamellen sind erst gelblich bis gelb. Mit der fortschreitenden Sporenreife werden sie fleischfarben rötlich. Sie sind am Stiel ausgebuchtet angewachsen. Seine Fruchtkörper sind groß. Der Hut ist 7—25 cm breit. Der Stiel ist bis zu 20 cm hoch und 4 cm dick. Die Hutfarbe ist blaßgelblich bis lederfarben. Der Sporenstaub ist rot. Ich fand ihn stets später im Jahr, zwischen August und Oktober bei Eichen und Buchen, auf lehmigen kalkhaltigen Böden. — Nach Krieglsteiner (1981) bevorzugt er lehmige, tonige, kalkhaltige Böden an wärmeren Orten, und kommt von (Mai) Juni bis Oktober an lichten Stellen, feuchten Waldrändern und Rainen, in Buchen-, Eichen-, Mischwäldern oft in größeren Mengen vor.

Flockenstieliger Hexenröhrling, Schusterpilz, Gauklerpilz

Fortsetzung von Seite 12

Am ähnlichsten ist ihm noch der Netzstielige Hexenröhrling (Boletus luridus), der zusammen mit Alkohol und Bohnenkaffee Vergiftungen erzeugt. Alle diese Arten benötigen mehr oder weniger hohe Kalkanteile im Boden. Roh ist der Schusterpilz giftig!

Die Pilze wurden am Klentsch bei Lichtenfels und bei Buch a. F. fotografiert.

Rotfuß-Röhrling, Rotfüßchen

Fortsetzung von Seite 14

Das Fleisch ist gelb, unter der Huthaut weinrot und im Stiel mehr oder weniger stark trüb rot. Es riecht leicht säuerlich und hat einen angenehmen Geschmack. Leider werden die Fruchtkörper schon bald vom Goldschimmel (Apiocrea chrysosperma) infiziert, der zuerst die Röhren befällt, und sich dann über den ganzen Pilz ausbreitet. Dadurch werden die Pilze ungenießbar. Junge Fruchtkörper sind fest und ergeben ein schmackhaftes Pilzgericht.

Die Pilze wurden am Moritzrangen bei Klosterlangheim fotografiert.

Perlpilz, Perlwulstling, Fleischchampignon

Fortsetzung von Seite 18

Der Perlpilz ist ein weitverbreiteter, häufiger und fleischiger Pilz, der den Nadel- und Laubwald gleichermaßen bewohnt. Die kräftigsten Exemplare glaube ich im Nadelwald bei Fichten gefunden zu haben. Er ist ein wohlschmeckender, ergiebiger Speisepilz. Es lohnt, sich mit seinen Merkmalen vertraut zu machen.
Der blaßrötliche bis fleischrötliche, halbkugelige Hut ist mit weißlichen, gelblichen bis rosabräunlichen, warzigen Pusteln (Hüllreste) dicht besetzt. Die Pusteln und die fleischrötlichen Töne gaben ihm seine Namen. Die flachen Pusteln haften nicht stark auf der Huthaut, schon ein kleiner Fingerdruck genügt, sie wegzuwischen. Mit dem Aufschirmen verdünnen sich die Hüllreste mehr und mehr. Die Hüte sind dann flach gewölbt. Nach längeren Regenfällen können sie kahlgewaschen sein. Sie sind dann glatt und von fleischroter Farbe. Die Lamellen sind bei jungen Fruchtkörpern weiß, bei alten oft rötlich gefleckt. Der kräftige Stiel hat eine hängende, geriefte Manschette. Darüber ist er weißlich, darunter schön weinfarben rötlich gefärbt. Erst ist der Stiel vollfleischig und saftig, wird aber mit der Streckung bald hohl. Die Stielbasis endet in einer deutlichen, rübenartigen Verdickung, deren oberer Rand warzig gegürtelt ist. Das Fruchtfleisch ist weiß, rötet aber bald an der Luft, vor allem in der Stielbasis. Dort sind auch die ersten Madenfraßstellen, die uns durch ihre rote Färbung das Röten des Perlpilzes veranschaulichen.

Die Pilze wurden im Lichtenfelser Forst fotografiert.

Pantherpilz

Fortsetzung von Seite 18

Anmerkung: Es gibt im bergigen Nadelwald eine Variation, die stärker braun gefärbt, deren Hutrand erst beim aufgeschnittenen Pilz am äußersten Rand etwas gerieft und deren Stiefelknolle derber ist. Diese Variation des Pantherpilzes konnte ich bei Romansthal unter Fichten finden.

Die Pilze wurden im Pfarrwald bei Isling fotografiert.

Abgesetztknolliger Anischampignon

Fortsetzung von Seite 22

Im lichteren Fichtenwald, insbesondere bei in Laubwäldern eingestreuten Fichtengruppen, ist diese Art recht häufig. Schon von weitem leuchten die weißen, seidig glänzenden, gewölbten und aufgeschirmten Hüte aus dem Dunkel des Nadelstreubodens hervor. Entnimmt man vorsichtig einen Fruchtkörper, so fällt das Gelbflecken der Berührungs- bzw. Druckstellen auf. Besonders deutlich wird dies beim Ankratzen der Huthaut mit dem Fingernagel. Der Fruchtkörper strömt einen feinen Geruch nach Anis oder Bittermandel aus. Die Lamellen sind bei jungen Pilzen graurosa und verfärben sich später über schokoladenbraun bis schwarz. Sie stehen dicht gedrängt und sind am Stiel nicht angewachsen, sondern enden kurz davor. Der Stiel ist weiß, hat einen dünnhäutigen Ring und an der Basis eine abrupt abgesetzte Knolle. Er ist ein wohlschmeckender Speisepilz.

Die Pilze wurden am Klentsch bei Lichtenfels fotografiert.

Grüner Knollenblätterpilz

Fortsetzung von Seite 22

Verwechslungen mit den Champignonarten können bei Beachtung folgender Punkte vermieden werden!

Keine Fruchtkörper sammeln, deren Lamellenfarbe weiß oder weißlich ist, und deren Stielbasis eine Knolle in einer Hülle hat. Keine Fruchtkörper sammeln, die noch nicht aufgeschirmt sind.

Merke! Champignons haben älter **immer** gefärbte Lamellen — jung bald schon graurosa bis rosa, alt schokoladenbraun bis schwarz. Champignons haben an der Stielbasis keine Knolle in einer Hülle.

Die Pilze wurden im Langheimer Wald fotografiert.

Brätling, Milchbrätling

Fortsetzung von Seite 26

Beim Sammeln sind die Artmerkmale genau zu beachten, damit eine Verwechslung mit einer Anzahl rotbrauner, orangebrauner bis orangener Milchlinge nicht vorkommt.

Die Pilze wurden am Krötenrangen im Lichtenfelser Forst fotografiert.

Stockschwämmchen

Fortsetzung von Seite 32

Das Stockschwämmchen besiedelt bevorzugt Lagerstämme und Strünke der Rotbuche, Birke und Erle. Seltener finden wir es an anderen Laubhölzern oder am Nadelholz. Siehe Tabelle beim Gifthäubling. Die gelbbraunen, ockergelben Hüte haben oft eine dunklere, durchwässerte Randzone, an der die Lamellen durchscheinen. Man sagt, der Rand ist durchscheinend geriefelt. Die Eigenschaft der Huthaut, Wasser hindurchzulassen, das darunter liegende Gewebe wird damit angereichert, die Färbung des Pilzhutes ändert sich, wird als hygrophanes Verhalten bezeichnet. Die Fruchtkörper wachsen büschelig, und die dicht beieinander stehenden Hüte decken das Substrat vollkommen zu. Die Lamellen stehen dicht, sind erst blaß bräunlich und werden durch die Sporenreife rostbraun. Sie sind am Stiel ausgebuchtet bis schwach herablaufend angewachsen. Der Stiel hat bei jungen Fruchtkörpern einen deutlich weißen, waagrechten Ring (zurückbleibender Rest der Teilhülle, die vom Stiel zum Hutrand gespannt war). Der Ring ist sehr vergänglich. Schmale, hängende, braune Häutchen sind an älteren Fruchtkörpern noch zu erkennen. Über dem Ring ist der Stiel blaß, darunter braun und mit kleinen sparrigen Schuppen besetzt. Das Fleisch schmeckt mild und hat einen angenehmen Geruch. Im Hut ist es weißlich, im Stiel braun.

Vorsicht vor der Verwechslung mit dem Gifthäubling (Galerina marginata), der Amanitine, und somit die gleichen giftigen Wirkstoffe wie die tödlich giftigen Knollenblätterpilze, besitzt. Weitere Verwechslungen sind mit den giftigen Schwefelkopfarten möglich. Beachte die Lamellenfarbe! Sie ist beim Grünblättrigen Schwefelkopf erst schwefelgelb, wird grün und schließlich grünlich braunschwarz, beim Ziegelroten Schwefelkopf erst blaßgelb, dann grauoliv (schmutzig-oliv) und letztlich olivpurpurschwarz.

Das Stockschwämmchen ist ein sehr guter Speisepilz. Es eignet sich besonders zur Pilzsuppe, aber auch Pilzgemüse und Pilzfüllungen sind sehr schmackhaft. Nur die Hüte verwenden, denn die Stiele sind zäh. Die Pilze wurden bei Hammer im Lichtenfelser Forst fotografiert.

Gifthäubling

Fortsetzung von Seite 32

Norddt. Tiefland	meist Laubholz	meist Laubholz
Rhein. Schiefergeb.	Laub- u. Nadelholz	meist Laubholz
Bayerischer Wald, Schwarzwald, Allgäu, große Teile Süddeutschlands ab 600 m Höhe, in Täler tiefer ausstrahlend.	meist Nadelholz	meist Nadelholz
Hier in Nordwestoberfranken	meist Nadelholz	meist Laubholz

Herr Krieglsteiner teilte mir mit, daß der Gifthäubling eindeutig an Buche nachgewiesen ist. Es gibt noch einige ihm ähnlich Häublinge.
Der Hut ist rundlich und später mehr ausgebreitet. Er ist trocken, ockergelbbraun glänzend; naß, hornbraun (hygrophan) und etwas klebrig; am Rand durchscheinend gerieft. Die Lamellen sind ockerbraun, am Stiel ausgebuchtet bis schwach herablaufend angewachsen. Der Stielring ist schnell vergänglich. Erst weiße, später durch den Sporenstaub braune Faserreste gürteln ihn. Unterhalb des Ringes ist der ockerbraune Stiel anfänglich eindeutig weißlich befasert. Niemals schuppig! Das Fleisch ist ockerfarben, es riecht und schmeckt gurkig, mehlig.

Die Pilze wurden bei Seehof im Neuensorger Forst fotografiert.

Schwefelgelbe Koralle

Fortsetzung von Seite 34

Unter den Korallen gibt es mehrere gelbe Arten, die oft nur schwer voneinander zu unterscheiden sind. Nur wenige unter ihnen haben so markante Artmerkmale, daß sie einigermaßen sicher immer wieder erkannt werden können. Da die meisten Korallen Verdauungsstörungen hervorrufen, ist die Kenntnis dieser Merkmale für alle, die Korallen zu Speisezwecken sammeln, wichtig.
Unsere sehr schöne Koralle bewohnt bevorzugt den Buchenwald auf kalkig-lehmigem Boden. Die schwefelgelben faustgroßen Fruchtkörper sind oft schon aus größerer Entfernung zu sehen. Es stehen meist mehrere nahe beisammen. Die schwefelgelben Äste stehen auffallender parallel zueinander ausgerichtet nach oben, als dies bei den anderen gelben Korallenarten der Fall ist. Die Äste entstammen einem weißen Stumpf, der eigenartigerweise ziemlich konstant **weinrot gefleckt** ist! Die Farbe der Schwefelgelben Koralle ist am unteren Stumpfteil weiß. Nach oben wird sie bald heller schwefelgelb. Die oberen Astteile sind dann von einer kräftigen schwefelgelben Farbe.
Als wohlschmeckender Speisepilz lohnt es sich, diesen Pilz kennenzulernen. Ältere Fruchtkörper sind wegen der schnellen Verderbbarkeit der Korallen stehenzulassen.

Der Pilz wurde am Krötenrangen im Lichtenfelser Forst fotografiert.

Mehlräsling, Mehlpilz

Fortsetzung von Seite 36

Der Stiel ist kurz, bisweilen exzentrisch, weiß, fasrig, oben bereift und unten filzig. Das Fleisch ist auffallend weich, weiß, von mehligem Geruch und Geschmack.
Der Mehlräsling ist eßbar und gut. Es gibt aber einige weiße, giftige Trichterlinge, mit denen er verwechselt werden kann. Es ist große Vorsicht geboten!

Die Pilze wurden im Lichtenfelser Forst fotografiert.

Rauchblättriger Schwefelkopf

Fortsetzung von Seite 38

Die Lamellen stehen nicht auffällig gedrängt. Sie sind erst blaß, werden bald rauchgrau und zuletzt graupurpur. Die Lamellen haben niemals gelbgrüne Farbtöne! Der Stiel ist hohl, gebo-

gen, am oberen Teil schwach gelblich, sonst rostbraun und zur Basis kräftiger rostbraunfarben. Das Fleisch ist gelblich, im unteren Stielteil braun, ist geruchlos und schmeckt mild bis leicht herb. Das Sporenpulver ist schwarzviolett.
Der Rauchgraue Schwefelkopf ist ein vorzüglicher Speisepilz und eignet sich zum Pilzgemüse, zur Pilzsuppe und zum Braten. Damit er nicht mit dem giftigen Grünblättrigen Schwefelkopf, dem ungenießbaren Ziegelroten Schwefelkopf und dem Geflechtblättrigen Flämmling verwechselt wird, sollte er genau kennengelernt werden.

Die Pilze wurden bei Oberlangheim fotografiert.

Parasol, Riesen-Schirmpilz

Fortsetzung von Seite 42

Der Stiel ist erst braun wie der Hut. Durch die Streckung reißt die Stielrinde zackig gebändert auf, er ist nun braun genattert auf hellem Grund. Wo der Hutrand ihn berührt hatte, bleibt ein derber, dickhäutiger, verschiebbarer Ring zurück. Der Stiel ist hohl, an der Basis zwiebelartig verdickt und im Hut eingepfropft. Er kann leicht vom Hut getrennt werden. Das Fleisch ist weiß, verfärbt sich nicht und schmeckt nußartig. Rohe Riesenschirmlinge sind giftig! Es darf nur ein erbsengroßes Stück zum Feststellen des Geschmacks gekaut werden. Diese Geschmacksprobe ist aber bei den **tödlich giftigen** Knollenblätterpilzen **verboten!**
Noch vor kurzer Zeit galten alle Riesenschirmlingsarten als eßbar. 1979 hat der Mykologe Marcel Bon aus Lille (Frankreich) eine giftige Art beschrieben. Diese Art (Macrolepiota venenata Bon) verursacht schwere Magen- und Darmstörungen. Sie unterscheidet sich vom Parasol durch: — radial angeordnete Schuppen — bei Berührung rötende Lamellen — häutigen dünnen Ring — büscheliges Wachstum — Vorkommen auf Kuhweiden bei Kuhfladen und Brennesseln.

Die Pilze wurden am Schwarzberg bei Oberlangheim und im Banzer Wald fotografiert.

Pfifferling, Eierschwamm

Fortsetzung von Seite 44

Wegen der vielseitigen Zubereitungsmöglichkeiten und des ausgezeichneten Geschmacks ist er heute wohl neben dem Steinpilz der beliebteste Speisepilz. Der Nährwert ist aber gering. Wegen des hohen Anteils an nicht verdaulichen Bestandteilen ist er schwer verdaulich. Beim Tiefgefrieren und längerer Lagerung werden die Pilze bitter und ungenießbar. Nach dem Trocknen werden sie kaum wieder weich. Die beste Konservierungsmethode ist, die Pilze einzukochen. Roh ist der Pfifferling giftig!
Außer dem falschen Pfifferling gibt es noch eine seltene giftige Art, mit der er verwechselt werden kann. Der Ölbaumpilz (Omphalotus olearius) kommt in wärmeren Gebieten bei Ölbäumen, Eichen und Kastanien vor.

Die Pilze wurden am Klentsch bei Lichtenfels fotografiert.

Herbsttrompete, Totentrompete

Fortsetzung von Seite 46

Die Totentrompete ist ein ausgezeichneter Würzpilz. Getrocknet und zu Pulver zermahlen dient sie als Soßen- und Suppenwürze. In Stückchen geschnitten und frisch oder getrocknet verwendet, lassen sich schmackhafte Füllungen, z. B. für Omeletts, herstellen. Pilz-Frikassee aus ihnen sind auch zu empfehlen.
Es gibt noch einige ähnliche Pilzarten: Die Graue Kraterelle (Cantharellus cinereus) mit auffallendem Geruch nach Pflaumen, den Verbogenen Leistling (Pseudocraterellus sinuosus) mit nur kehlig hohlem Trichter und den Krausen Trichterpilz (Cantharellus crispus), eine sehr kleine häutige Art mit gekräuseltem Rand.
Eine Verwechslung der Totentrompete mit diesen Pilzen ist unbedenklich. Sie sind nicht giftig. Die Pilze wurden am Schwarzberg bei Oberlangheim fotografiert.

Blaustiel, Maskierter Rötelritterling

Fortsetzung von Seite 60

Daß der Blaustiel, wenn auch selten, im Frühjahr Fruchtkörper bildet, bestätigt eine Aufsammlung, die Herr Gehringer, Kümmersreuth 51, am 5. Mai 1983 bei Kümmersreuth sammelte. Im vergangenen Herbst sind an dieser Fundstelle aber keine Blaustiele gefunden worden.

Die Pilze wurden am alten Staffelberg fotografiert.

Austernseitling, Austernpilz

Fortsetzung von Seite 62

Der Austernseitling ist groß und muschelförmig. Die Hutfarbe ist sehr verschieden. Es kommen schwarz-, blau-, asch-, braungraue und gelbbraune Tönungen vor. Die Lamellen sind weißlich, stehen gedrängt und laufen am Stiel weit herab. Der Stiel sitzt seitlich am Hut. Er ist weiß, kurz und an der Basis striegelig zottig. Das Fleisch ist weiß, zuerst weich, dann aber bald zäh. Es hat einen angenehmen Geruch und einen süßlichen Geschmack. Der Austernseitling ist ein guter Speisepilz. Eine Verwechslung mit giftigen Pilzen ist (fast) **nicht** möglich. Er wird auch mit gutem Erfolg in Kulturanlagen gezüchtet.

Die Pilze wurden am Schwarzberg bei Oberlangheim fotografiert.

Samtfuß-Rübling, Winterpilz

Fortsetzung von Seite 62

Der Samtfuß-Rübling ist eßbar und wohlschmeckend. Roh ist er giftig! Die Giftstoffe sind nicht hitzefest und werden durch ausreichendes Erhitzen unschädlich. Es kann ein besonderer Spaß sein, ihn mitten im Winter aufzustöbern. Eine Verwechslung mit giftigen Pilzen ist kaum möglich.

Die Pilze wurden im Langheimer Forst am Moritzanger fotografiert.

Literatur:

Bötticher, W. — 1974 — Technologie der Pilzverwertung, Verlag Eugen Ulmer

Cetto, Bruno — 1976 — Der große Pilzführer, zweite Auflage, BLV Verlagsgesellschaft München Bern Wien — ISBN 3-405-11774-7

Clémençon, H.; Cattin, S.: Ciana, O.; Morier-Genoud, R.; Scheibler, G. — 1981 — Pilze im Wandel der Jahreszeiten, Band I: Frühling-Sommer — 1980 and 1981 by Ed. Piantanida, Lausanne, Switzerland

Erhart, J.; Erhart, M.; Svrček, M.; Kubicka, J. — 1979 — Der Kosmos-Pilzführer: Die Pilze Mitteleuropas in 448 Farbfotos — Stuttgart: Frankh., 1979 (Kosmos-Naturführer) ISBN 3-440-04661-3

Dennis, R. W. G. — 1978 — British Ascomycetes — J. Cramer FL-9490 Vaduz

Flammer, R. — 1980 — Differentialdiagnose der Pilzvergiftungen, Gustav Fischer Verlag — Stuttgart — New York

Haas, H.; Gossner, G. — 1971 — Pilze Mitteleuropas — ISBN 3-440-03233-7

Haas, H.; Schrempp, H. — 1977 — Pilze in Wald und Flur, ISBN 3-440-03736-3 — 1972 — Pilze, die nicht jeder kennt, ISBN 3-440-03883-1

Jahn, H. — 1976 — Mitteleuropäische Porlinge und ihr Vorkommen in Westfalen, 2. Nachdruck, J. Cramer, in der A. R. Gautner Verlag Kommanditgesellschaft FL-9490 Vaduz

Jahn, H.; Engel, H. — 1978 — Albatrellus hirtus (Quél.) Donk, ein für Deutschland (BRD) neuer Porling. In: Westfälische Pilzbriefe 11 (5): 93—94

Jahn, H. — 1979 — Pilze, die an Holz wachsen; Busse, Herford; ISBN 3-87120-853-1 — 1980 — Westfälische Pilzbriefe 11(7):154—159

Krieglsteiner, G. J. — 1978 — Kartierung von Großpilzen. In: Zeitschrift für Mykologie 44(2):247 — 1979 — Kartierung von Großpilzen. In: Zeitschrift für Mykologie 45(1):100 und 103 — 1981 — Beiheft zur Zeitschrift für Mykologie Heft 3, Verbreitung und Ökologie 150 ausgewählter Blätter- und Röhrenpilze in der BRD (Mitteleuropa). — 1981 — Die Gattung Macrolepiota Singer in der Bundesrepublik Deutschland (Mitteleuropa). In: Zeitschrift für Mykologie 47 (1): 149—186 — 1982 — Beiheft zur Zeitschrift für Mykologie Heft 4, Verbreitung und Ökologie 200 ausgewählter Röhren-, Blätter-, Poren- und Rindenpilze in der BRD (Mitteleuropa).

Moser, M. — 1983 — Kleine Kryptogamenflora, II b/2 Basidiomyceten 2. Teil, Gustav Fischer Verlag, Stuttgart/New York, ISBN 3-437-20269-2

Michael/Hennig — 1971 — Handbuch für Pilzfreunde, VEB Gustav Fischer Verlag Jena, Band II

Michael/Hennig/Kreisel Band I — 1978, Band III — 1977, Band IV — 1981, Handbuch für Pilzfreunde, VEB Gustav Fischer Verlag Jena

Nuss, J. — 1980 — Untersuchungen zur systematischen Stellung der Gattung Polyporus, Hoppea, Denkschr. Regensb. Bot. Ges. 39 (1980): 127—198

Pätzold, W. — 1983 — Galerina marginata und Kuehneromyces mutabilis gegenübergestellt. In: Zeitschrift für Mykologie 49(1):141.

Seite 70—72 Abgebildete Pilzarten haben dickgedruckte, im Text erwähnte Pilzarten haben dünngedruckte Seitenziffern!

Wissenschaftliche Namen

Deutsche Namen